Nehmen Sie den Auftrag an?

Maren Martschenko

Design ist mehr als schnell mal schön.

Maren Martschenko

DESIGN IST MEHR ALS SCHNELL MAL SCHÖN

Die Wirtschaft hat einen neuen Auftrag für Sie: Gestaltende Beratung

verlag hermann schmidt

Viele Wege, kein Buch zu schreiben …

Maren Martschenko kannte ich lange, bevor ich sie kennenlernte. Wie das in digitalen Zeiten und sozialer Netzwerke so ist. Eine kluge Frau, Markenstrategin, Vorsitzende der Digital Media Women, Bloggerin, Beitragsautorin, Beraterin – und damit ist die Liste ihrer Engagements nicht komplett.

Ich folgte ihr nicht konsequent, aber immer wenn ich etwas von ihr las, hatte es Hand und Fuß und blieb im Kopf. Vor dreieinhalb Jahren schrieb sie mir eine Mail:

»Eine Idee treibt mich schon länger um. Es ist die Idee ein Buch zu schreiben. Und es gibt nur einen Verlag, in dem ich mir wirklich wünsche, dass es erscheint: Ihrer. Der Inhalt: Ein Thema, das mich tagaus, tagein beschäftigt. Es geht um die Ästhetik von Dienstleistungen. Viele Dienstleister fühlen sich nicht wertgeschätzt und verkaufen sich tatsächlich unter Wert. Für die Kreativbranche gilt das besonders. Es liegt daran, dass sie ihren Service einfach nicht wertig genug designen, klar genug das Bild vom Nutzen zeichnen.

Ich habe eine Methode entwickelt, wie das geht und setze sie mit/bei meinen Kunden ein. Letztlich muss auch der Service zur Marke werden. Neudeutsch heißt das Service-Design oder Service-Experience-Design. Es geht um die Ästhetik von Dienstleistungen, nicht nur im optischen Sinn, sondern im haptischen, im erlebbaren vom »Zero Moment of Truth« bis weit über die Zusammenarbeit hinaus. Das in die Welt zu bringen, ist mein neues Passion Project. Könnten Sie sich vorstellen, dabei zu sein? Falls ja, freue ich mich über ein Gespräch. Gerne beim Samstagradfahren oder beim Espresso.«

Ich antwortete sofort. Das Ergebnis halten Sie in der Hand.

Liebe Maren Martschenko,

Sie kamen mit einer klaren Idee und dennoch haben wir einige Runden miteinander drehen müssen. Sie selbst sagten irgendwann, Sie hätten viele Wege gefunden, kein Buch zu schreiben – und ich bewunderte Ihr Dranbleiben. Sie fragten Ihre potenziellen Leserinnen und Leser, als Sie an Ihrer Buchidee zweifelten – und die Antworten und Anregungen gaben Ihnen neue Impulse. Ich gab Ihnen Feedback – und Sie nahmen kritische Bemerkungen nicht übel – sondern an. Wenn wir meinten, ein echtes Problem vor uns zu haben, telefonierten wir – und unseren intensiven und konstruktiven Gesprächen hielt kein Problem stand. Im Ping-Pong sind wir gut. Vor wenigen Wochen schrieb ich Ihnen, ich gäbe Sie nun weiter an meinen Mann, der gemeinsam mit Claudia Siebenweiber aus unserem Manuskript ein schönes Buch macht – und ich merkte, dass mir das Abschiednehmen von unserem regelmäßigen Miteinander schwer fiel.

Liebe Maren Martschenko, ich habe viel von Ihnen gelernt. Dranbleiben, auch wenn die Lösung noch nicht da ist. Diejenigen fragen, für die man schreiben möchte. Notfalls mehrfach. Kritik annehmen. Und nicht persönlich nehmen. Schonungslos offen sein – und das können Sie mit Charme! So lange besser werden, bis es sich richtig anfühlt. Sich dabei nicht in die Tasche lügen. Sich voll auf das konzentrieren, was als Aufgabe vor einem liegt. Dafür vielleicht einen eigenen Ort suchen. Sich für Etappensiege belohnen. Ausgleich suchen. Lachen. Espresso trinken. Ich danke Ihnen. Sehr!

Ohne dass sie das in ihrem Buch explizit anspricht, werden nun auch Sie, liebe Leserin, lieber Leser von Maren Martschenko mehr mitbekommen können als den Weg zur gestaltenden Beratung. Ich wünsche Ihnen viel Freude beim Erschließen neuen Terrains für Ihren beruflichen Erfolg und Ihre persönliche Erfüllung. Ich bin fest davon überzeugt, dass gestaltende Beratung Ihnen neue Türen öffnet und dass dieses Buch Ihnen den Weg dahin ebnen kann – und nun viel Spaß beim Lesen.

Herzlich Karin Schmidt-Friderichs
Mainz im Februar 2020

INHALTSVERZEICHNIS

EINLEITUNG

Das Design-Dilemma 8

Der neue Gestaltungsauftrag der Wirtschaft 16

Eine gute Nachricht für Designerinnen und Designer 17

Das neue Mandat für Sie: Gestaltende Beratung! 19

Nehmen Sie den Auftrag an? 22

DAS VIER-EBENEN-MODELL

Mit der Espressostrategie zur gestaltenden Beratung 26

Die vier Ebenen der Espressostrategie 27

SEIN – Ein neues Selbstverständnis für Gestalterinnen und Gestalter 30

Worum geht's beim SEIN? 31

Was es bedeutet, Beraterin bzw. Berater zu sein 32

Ihre Repositionierung beginnt im Kopf 49

Toolbox Ebene SEIN 58

HABEN – Ihr konkretes Angebot für gestaltende Beratung 68

Worum geht's beim HABEN? 69

Die drei Phasen der Magnetprodukt-Entwicklung 70

Das Preisschild auf Ihrem Magnetprodukt 88

HABEN Zusammenfassung 96

Toolbox Ebene HABEN 98

SAGEN – Die neue Art über Ihre Arbeit zu sprechen 108
Worum geht's beim SAGEN? 109
Der Vertrauenskreislauf im Marketing 110
Das ehrliche Kundenversprechen 112
Als Expertin und Experte ins Gespräch kommen 116
Kommunikationsformate für gestaltende Beraterinnen und Berater 119
Customer Journey: Die richtige Geschichte zur richtigen Zeit am richtigen Ort 126
Im Gespräch bleiben: Fünf vertrauensverankernde Erlebnisse 132
SAGEN Zusammenfassung 136
Toolbox Ebene SAGEN 138

TUN – Die Roadmap zur nächsten Version Ihrer Selbst 148
Worum geht's beim TUN? 149
WIE: Haltung und Prinzipien 150
WAS: Ziele und Prioritäten 152
WANN: Zeitmanagement und Timing 155
Die Not-to-do-Liste 156
Los geht's – Sie sind dran! 158
Toolbox Ebene TUN 160

ANHANG

Fußnoten 167
Zur vertiefenden Weiterbildung 168
Wie dieses Buch entstand 171
Über die Autorin 174

DAS DESIGN-DILEMMA

SCHÖN IST GUT, ABER NICHT ALLES

- Sie sind wieder mal als Beraterin oder Berater ohne Mandat unterwegs?
- Entwickeln ungefragt bereits in der Briefingphase Konzepte?
- Nehmen Sie sich während des Gestaltungsprozesses selbstverständlich Zeit, um herauszufinden, was das Unternehmen wirklich braucht?
- Leider lässt sich nichts davon in Rechnung stellen?

Ich als Beraterin frage mich: Warum tun Sie das? Vielleicht fragen Sie sich das auch?

Seit vielen Jahren arbeite ich als freiberufliche Markenberaterin für Solopreneurinnen und Solopreneure sowie kleine mittelständische Unternehmen. Immer wieder kooperiere ich bei Beratungsprojekten mit Kommunikationsdesignern und -designerinnen. Ich habe diese Zusammenarbeit stets als sehr befruchtend empfunden. Warum? Weil Designerinnen und Designer alle Prozesse konsequent aus der Perspektive der Kundschaft unserer Auftraggeber und -geberinnen denken. Weil sie meine betriebswirtschaftlich-analytische Herangehensweise bereichern und ergänzen. Kurz: Weil sie etwas können, das ich nicht kann. Durch dieses Miteinander werden die Ergebnisse der Beratung besser und wirken nachhaltig. Unsere Auftraggeber und Auftraggeberinnen erzeugen damit Markenerlebnisse, die aussagekräftig, bedeutungsvoll und unmittelbar erfahrbar sind. Es ist meine feste Überzeugung, dass die Welt genau solche Marken verdient hat.

Gleichzeitig erlebe ich aus nächster Nähe, dass der Berufsstand der Designerinnen und Designer zunehmend entwertet wird. Das Bild, das sie von sich selbst und das andere von ihnen haben, ist in eine Schieflage geraten. Die Wertschätzung von Design erodiert zusehends.

Als Beraterin schaute ich anfangs von außen darauf und fragte mich, wieso sie das zulassen. Bei genauerem Hinsehen habe ich vier unterschiedliche Phänomene ausgemacht, die meines Erachtens wesentlich zu dem Design-Dilemma beitragen.

Beobachtung eins: Sie verkaufen Produkte statt Prozesse.

Zum Design-Dilemma haben Designerinnen und Designer maßgeblich selbst beigetragen, als sie aus dem komplexen Gestaltungsprozess ein vermeintlich leichter verkaufbares Produkt machten und es »Corporate Design« nannten. Aus dem kreativen Prozess wurde dadurch ein handwerklich erstelltes Produkt, dessen Komplexität und Zeitintensität sich die Auftraggeber und -geberinnen gar nicht bewusst sind. Dessen Wert sie nicht erkennen können, weil in den Portfolios der Designer und Designerinnen nur Fotos von Webseiten auf Bildschirmen, Visitenkarten oder Logos, also endgültige Ergebnisse zu sehen sind und nicht der Prozess dahinter beleuchtet wird. Warum sollte dann jemand dafür bezahlen?

Beobachtung zwei: Sie beraten ohne Mandat.

Wenn nicht der Prozess im Vordergrund steht, sondern das fertige Resultat, bleiben Ihr Wissen, Ihre klugen Fragen, Ihre auf dieser Basis entwickelten Ideen, Ihr Moderieren und Strukturieren des Prozesses unerkannt statt anerkannt. Am Ende diskutieren Sie über Gefallen und Nichtgefallen. Ihre gute Beratung findet sich in keinem Rechnungsposten wieder. Sie waren dann zwar als Berater bzw. Beraterin unterwegs, nur leider ohne Mandat.

Beobachtung drei: Technologische Entwicklungen fördern eine Erwartung von »schnell und billig«.

Das Design-Dilemma verstärkt sich, weil generische Designaufgaben wie Bildbearbeitung, Logos in verschiedenen Formaten bereitstellen u. v. m. zunehmend von intelligenten Programmen schnell und zuverlässig erledigt werden. Vieles von dem, was Sie heute tun, wird in Code übersetzt. Entsprechend verschieben sich die Erwartungen der Auftraggeberinnen und Auftraggeber. In der Folge müssen Sie unter immer größerem Zeitdruck mit gleichzeitig niedrigeren Budgets arbeiten. Besonders die Einzelkämpferinnen und Einzelkämpfer leiden darunter. Wer schon mal ein Adobe-Update machen musste, während einem die Auftraggeberin oder der Auftraggeber mit der Deadline im Nacken sitzt, weiß, wovon ich spreche. Preise werden heruntergehandelt. Am Ende des Tages gibt es noch nicht einmal ein Dankeschön. Hauptsache schnell und billig.

Beobachtung vier: Die Grenzen des Berufsbilds der Designerin und des Designers haben sich verschoben.

Programmiererinnen und Programmierer liefern heute Webdesign. Mediengestalterinnen und -gestalter haben ihr Handwerk verfeinert und bieten nun auch Corporate Design an, obwohl sie nicht Kommunikationsdesign studiert haben. Beraterinnen und Berater schreiben sich »Design Thinking« auf die Fahne und nehmen Ihnen die Butter vom Brot.

Internationale Plattformen ermöglichen es Unternehmen, Design in der Ukraine oder Indien für kleines Geld zu beauftragen. Durch die Globalisierung hat auch die Mediengestaltung schon lange ihren Heimvorteil verloren.

Design-Plattformen, die allen zugänglich sind, suggerieren, dass jeder Mensch per Knopfdruck zur Designerin und zum Designer werden kann. Ein Internetzugang genügt, um Powerpoint-Vorlagen und Visitenkarten zu gestalten.

Festzustellen, dass niemand auf einen hört, man nur fürs schnell mal Schönmachen und nicht fürs Mitdenken bezahlt wird, Abmachungen nicht eingehalten und Preise ständig heruntergehandelt werden, ist niederschmetternd. Der dauerhafte Entzug von Vertrauen und Wertschätzung verstärkt die eigenen Zweifel und ist langfristig nicht gesund.

Das war doch nicht der Deal, als Sie sich für den Beruf der Designerin bzw. des Designers entschieden haben, oder?

Die Globalisierung, Digitalisierung und Demokratisierung der Werkzeuge werden Sie nicht aufhalten können. Wie Sie Ihre berufliche Zukunft gestalten, können Sie hingegen schon beeinflussen.

Ich weiß, dass meine Auftraggeberinnen und Auftraggeber am meisten erreichen, wenn Designerinnen und Designer ganz früh beteiligt und stetig im Beratungsprozess integriert sind. Ich bin überzeugt, dass Unternehmen und Marken von morgen nur dann erfolgreich sind, wenn sie Design nicht als reines Mittel der Ästhetik betrachten, sondern als kreativen Prozess, der ihnen hilft, ihr gesamtes Unternehmen strategisch am Kunden bzw. an der Kundin auszurichten. Bereits IBM-Gründer Thomas J. Watson brachte es auf den Punkt: »Good design is good business«. Gutes Design bedeutet gute Geschäfte.

Ich sehe an meinen Beratungskolleginnen und -kollegen und mir, dass wir an Grenzen stoßen. Natürlich können wir uns die Tools des Design Thinking aneignen. Was uns im Gegensatz zu Ihnen als Designerin und Designer immer fehlen wird, ist die Erfahrung des Design Doing. Es reicht eben nicht, sich Markenerlebnisse und Bedeutungszusammenhänge auszudenken. Sie müssen auch gestaltet werden und zwar so, dass sie funktionieren. Hier kommen Sie mit Ihrer jahrelangen Expertise ins Spiel.

Ich sehe aus meiner Berufserfahrung als Beraterin trotz Globalisierung und Digitalisierung bzw. gerade deswegen eine echte Chance für Ihre Berufsgruppe und will Ihnen aus meiner Perspektive einen Weg aus dem Design-Dilemma aufzeigen. Ein Weg, bei dem Ihr ganzes Können zum Einsatz kommt.

Darum dieses Buch.

Ich möchte Sie in die Lage versetzen, eine bewusste Entscheidung für Ihre berufliche Zukunft zu treffen. Kein halbherziges »Weg-von-etwas«, das Sie im Moment vielleicht nicht glücklich macht, weil Wertschätzung in Form von ausreichend Zeit und angemessener Bezahlung fehlt. Ein bewusstes »Hin-zu-etwas«, das Sie erfüllt, indem Sie mit Ihren Stärken glänzen können. Was Unternehmen heute und in naher Zukunft mehr denn je brauchen, sind Beraterinnen und Berater, die echte, lebendige Markenerlebnisse kundenzentriert gestalten. Expertinnen und Experten, die Design-Know-how mit Beratungskompetenz vereinen. Kurz: gestaltende Beraterinnen und gestaltende Berater.

Beraterin bzw. Berater zu sein, hat viele Vorteile:

- Sie werden nicht so schnell durch einen Computer bzw. eine Software ersetzt.
- Sie kommen bei Ihren Auftraggeberinnen und Auftraggebern früher ins Spiel.
- Beratung heißt, Freiräume für kreative Gedanken und Gespräche zu schaffen.
- Sie werden für Unternehmerinnen und Unternehmer eine Sparringspartnerin bzw. ein Sparringspartner auf Augenhöhe.
- Sie werden fürs Denken und Fragen stellen bezahlt.
- Ihr Stundensatz ist höher.
- Sie arbeiten unter weniger Zeitdruck.
- Sie arbeiten am großen Ganzen.

Das liest sich verlockend. Ist es auch! Vielleicht fragen Sie sich jetzt: »Warum sollte ein Unternehmen mich plötzlich als Berater bzw. Beraterin beauftragen? Wie bekomme ich das Vertrauen? Will ich dieses Mandat wirklich übernehmen? Müsste ich nicht aus ganz anderem Holz geschnitzt sein? Muss ich dafür nicht meine Haltung ›Ich trete an, Unternehmen zu helfen, mit anderen Menschen besser zu kommunizieren‹ über Bord werfen?«

Immer wieder kommen Designerinnen und Designer mit diesen Fragen in meine Workshops. Ich weiß, dass sie die Fähigkeiten und das Potenzial zur Beraterin und zum Berater haben. Ich sehe aber auch, dass sie sich an manchen Stellen auf dem Weg zu diesem neuen lukrativen Mandat selbst im Weg stehen, zum Beispiel weil sie denken, sie müssten erst ein BWL-Studium absolvieren, um in der Beratung glaubwürdig zu sein. Oder weil sie nicht wissen, wie Sie ein Beratungsangebot entwickeln, bepreisen und vermarkten sollen. Schließlich verkauft man Beratung als eine Katze im Sack. Die lässt sich nicht präsentieren wie ein Logo oder Webdesign.

Genau da setzt dieses Buch an.

Ich zeige Ihnen, was gestaltende Beratung ist und leisten kann. Vieles davon bringen Sie ohnehin schon mit. Werkzeuge und Methoden aus meiner Welt, die Sie darüber hinaus benötigen, gebe ich Ihnen an die Hand. Sie brauchen definitiv kein BWL-Studium.

Sie werden lernen, wie Sie Ihr Beratungsangebot entwickeln, betriebswirtschaftlich richtig kalkulieren und sich als Beraterin bzw. Berater vermarkten.

Ich kann Sie beruhigen: Sie brauchen nicht von jetzt auf gleich als Beraterin bzw. Berater reüssieren. Wir konzentrieren uns darauf, was für Sie der nächste erste und beste Schritt sein kann. Dazu zählt beispielsweise, ab sofort für Beratung Geld zu nehmen – wie alle anderen Beraterinnen und Berater auch. Ein guter Anfang ist auch, darüber zu sprechen, dass Design kein Produkt ist, sondern ein kreativer Prozess, in dem man mit dem Markt in Resonanz geht und Kundenbedürfnisse recherchiert, analysiert und adressiert. Schon immer und nicht erst seit dem Design-Thinking-Hype.

Wer dieses Buch lesen sollte:

Dieses Buch richtet sich an alle Menschen, die Grafikdesign- oder Kommunikationsdesignleistungen anbieten und sich immer wieder in der Situation wiederfinden, über ihre Honorare verhandeln zu müssen. Die nicht mehr darüber diskutieren möchten, ob Entwürfe gefallen oder nicht. Die ihre Auftraggeberinnen und Auftraggeber immer wieder gut und gerne beraten, obwohl sie dafür nie das Mandat erteilt bekommen haben und entsprechend nicht dafür bezahlt werden.

Wenn Sie zu diesen Menschen zählen und darüber hinaus den Anspruch haben, Unternehmen dabei zu unterstützen, mit ihrer Marke in einer zunehmend komplexen Welt großartige Kundenerlebnisse zu schaffen, dann lohnt sich die Lektüre.

In diesem Buch finden Sie keine Patentrezepte. Ich mache Ihnen auf Basis meiner langjährigen Beratungserfahrung ein ehrliches Angebot, sich selbst zu reflektieren und Ihren individuellen Weg in die gestaltende Beratung zu beschreiten. Es ist ein weites Feld, in dem viele Wege zum Ziel führen. Haben Sie Mut zum Eigensinn. Finden Sie Ihre eigene Strategie.

Das Buch passt zu Ihnen, wenn Sie sich Schritt für Schritt ein zeitgemäßes Beratungsangebot erarbeiten wollen. Wenn Sie bereit sind, sich selbst und Ihren bisherigen Weg zu hinterfragen. Wenn Sie sich auf Ihre wahren Stärken besinnen und Altes loslassen möchten. Widmen Sie sich Ihrer neuen Profession als gestaltende Beraterin und gestaltender Berater mit Zeit und Geduld. Sie brauchen nichts zu überstürzen – das Feld wird gerade erst aufgerollt.

DER NEUE GESTALTUNGS-AUFTRAG DER WIRTSCHAFT

UNTERNEHMENS-STRATEGIEN BRAUCHEN JETZT DESIGN

»What business needs now is design.
What design needs now is making it about business.«
Beth Comstock

Eine gute Nachricht für Designerinnen und Designer

> Die Fußnoten verweisen auf die Quellen im Anhang auf S. 167.

»Unternehmensstrategien brauchen jetzt Design. Und die Aufgabe von Design ist jetzt, die Unternehmensstrategie einzubeziehen«, so könnte man die Aussage von Beth Comstock[1], als sie Vizepräsidentin von General Electric war, übersetzen.

Kurz gesagt: Wirtschaft braucht Gestaltung. Jetzt erst recht.

Globalisierung und Digitalisierung treffen nicht nur Ihre Branche, sondern die gesamte Unternehmenswelt, also auch Ihre Auftraggeberinnen und Auftraggeber. Produkte und Märkte wandeln sich. Unternehmen sehen sich mit veränderten Kundenwünschen konfrontiert. Die Vielzahl an Kommunikationskanälen überfordert viele Unternehmen. Es fehlt ihnen an Klarheit, wofür sie stehen und was sie von der Konkurrenz unterscheidet. Sie fragen sich, wie sie ihre Kunden und Kundinnen sowie ihre Mitarbeiterinnen und Mitarbeiter erreichen, um sie an sich zu binden. Es fehlt an Strukturen und Systemen, wie sich Unternehmen organisieren, um diese Klarheit zu erhalten. Und das Ganze, während sich die Räder des Wirtschaftsgeschehens immer schneller drehen, Technologien rasend schnell veraltet sind und Agilität das Buzzword der Stunde ist.

Veränderungsexpertinnen und -experten haben für das Phänomen einen schönen Namen gefunden: VUKA-Welt. Die Einflüsse auf Unternehmen und die Entscheiderinnen und Entscheider in ihnen sind geprägt von Volatilität, Unsicherheit, Komplexität und Ambiguität (= VUKA). Vieles ist unberechenbar geworden: Preise, Kundenerwartungen, Mitbewerber und Mitbewerberinnen. Damit geht eine Unsicherheit darüber einher, was als Nächstes zu tun ist. Konzepte, die bislang funktionierten, laufen ins Leere. Hinzu kommt, dass die Zusammenhänge unübersichtlicher geworden sind. Ursache und Wirkung lassen sich kaum noch eindeutig ausmachen. Fakten sind ganz unterschiedlich interpretierbar. Falsche Entscheidungen werden wahrscheinlicher. All das führt dazu, dass Unternehmen in eine Art Aktionismus verfallen und gleichzeitig auf der Stelle treten, was wiederum zu mehr Aktionismus führt.

Sie erleben heute schon, dass Sie einen Designauftrag annehmen und dann im Prozess Fragen auftauchen, auf die Ihre Auftraggeberin oder Ihr Auftraggeber keine Antwort weiß. Dies ist ein deutliches Anzeichen dafür, dass Unternehmen eigentlich eine Beraterin bzw. einen Berater brauchen, die oder der zuerst die Probleme in ihrem Kopf und ihren Prozessen löst und dann das passende visuelle Erscheinungsbild kreiert.

Die Herausforderung für Unternehmen ist: Das alles ist Neuland. Sie haben das noch nie gemacht. Sie sind nicht geübt darin, diese neuen Wege zu gehen.

Was Unternehmen heute dringender denn je brauchen, sind Lotsen und Lotsinnen, die ihnen einen Weg aufzeigen, wie sie dieses Neuland betreten können. Lotsen und Lotsinnen, die es gewohnt sind, ganzheitlich an Probleme heranzugehen, um in der Tiefe zu verstehen, was Kunden und Kundinnen wirklich brauchen. Die geübt darin sind, diese Erkenntnisse in neue Zusammenhänge zu stellen und daraus Ideen abzuleiten, wie Unternehmen diesen Bedürfnissen auf eine neue und unnachahmliche Weise gerecht werden können.

Auf einen Nenner gebracht: Es braucht die geballte Kernkompetenz von Designerinnen und Designern. Aber eben nicht, um Oberflächen hübsch zu machen, sondern um Wege aufzuzeigen, die noch keiner gegangen ist. Menschen zu ermächtigen, selbst kreativ zu werden, und sie dabei zu unterstützen, Ideen auch umzusetzen – sei es in Form eines neuen Produkts, eines neuen Services oder eines neuen Prozesses. Der Designprozess ist seit jeher gekennzeichnet von kurzen Iterationen und Anpassungen. Hier sind Menschen gefragt, die nicht nur Design Thinking beherrschen, sondern auch Design Doing.

Unternehmens- und Markenberatungen waren lange erfolgreich mit »more of the same«. Mehr vom Gleichen. Kosten reduzieren. Kanäle erweitern. Alte Markenversprechen in neuem Glanz erscheinen lassen. Das reicht nicht mehr.

Unternehmen brauchen heute keine Beraterinnen und Berater in schicken Kostümen oder Anzügen mit klugen Ratschlägen, die viel Papier hinterlassen. Sie brauchen Menschen, die gemeinsam mit ihnen und ihrer Kundschaft neue Wege für die VUKA-Welt gestalten und sie begleiten. Beraten bedeutet nicht mehr, für Auftraggeberinnen und Auftraggeber Konzepte zu entwickeln, sondern gemeinsam mit ihnen Produkte und Märkte immer wieder neu zu denken, Zusammenhänge herzustellen, wo vorher keine waren. Es braucht Lösungen, die sich an veränderte Situationen rasch anpassen, flexibel auf Unvorhergesehenes reagieren. Es braucht eine Arbeitsweise entsprechend des iterativen Prinzips von beobachten, Annahmen formulieren, Prototypen entwickeln, testen – und wieder von vorne. Sie merken: Alles Kompetenzen von Designerinnen und Designern.

Ein Phänomen, das in meinen Augen diese These verstärkt, ist, dass große Unternehmen wie Facebook oder Capital One Designagenturen kaufen, um deren Know-how im Unternehmen zu haben. Alle Unternehmen, für die Kundenzentrierung in der Strategie und eine gute User Experience im Onlinebereich wichtig sind, sind auf die Kernkompetenzen und Fähigkeiten von Designerinnen und Designern angewiesen.

Das neue Mandat für Sie: Gestaltende Beratung!

Wir haben derzeit die große Chance, die Weichen für unsere Zukunft zu stellen: Es wird gerade neu verhandelt, wie Menschen miteinander kommunizieren, miteinander arbeiten, miteinander umgehen. All das will und muss gestaltet werden. Die Wirtschaft von heute braucht dringender denn je gestaltende Beraterinnen und Berater, die strategisch denken und inspiriert handeln. Davon gibt es zu wenige. Ich als Beraterin muss es wissen. Sie entscheiden darüber, welche Rolle Sie in der neuen Unternehmenswelt spielen und wo man Sie künftig verorten wird. Sie haben dank Ihres Könnens die Macht, daran mitzuwirken, wie die Unternehmenswelt und damit die Wirtschaft künftig gestaltet sein wird, und ob Sie sie mitgestalten. Sie wollen nicht mehr Flyer in der Onlinedruckerei bestellen und hübsche Logos machen? Sie wollen früher an den Tisch? Voilà, hier ist Ihre Chance.

»Es gibt keinen echten Unterschied mehr zwischen der Geschäftsstrategie eines Unternehmens und der Gestaltung des Benutzererlebnisses. Die letzte beste Erfahrung, die ein Benutzer irgendwo hat, bestimmt seine Erwartungshaltung an weitere Erlebnisse, und die Qualität dieser Erfahrung hängt ganz und gar von der Nutzung individualisierter Informationen ab.« erklärte Bridget van Kralingen[2], Senior Vice President von IBM Global Business Services in einer Pressemitteilung anlässlich der Eröffnung zehn weiterer sogenannter »experience labs«, für die 1.000 neue Mitarbeitende gesucht wurden. Das Design der Nutzererlebnisse bestimmt die Geschäftsstrategie von IBM. Eine großartige Vorstellung, ein Unternehmen auf diesem Weg beratend zu begleiten!

Die Studie »The business value of design«[3], die McKinsey & Company im Herbst 2018 herausbrachte, zeigt, dass die Aufgabenstellung aktueller ist denn je. Im Rahmen dieser Studie wurde der McKinsey Design Index entwickelt, der zum ersten Mal den Geschäftswert von Design berechnet.

Die Studie ergab einen eindeutigen Zusammenhang zwischen Design-Best-Practice – egal, ob nun Produkt-, Experience- oder Service-Design – und finanzieller Performance:

Unternehmen, die ein beispielhaft ausgeprägtes Designbewusstsein haben, steigern ihre Umsätze und die Aktionärsrenditen in der Jahresbetrachtung fast doppelt so schnell wie ihre Wettbewerber.

Über fünf Jahre zeigte sich ein rund ein Drittel höheres Umsatzwachstum und eine mehr als doppelt so hohe Aktionärsrendite.

McKinsey untersuchte dafür etwa 300 Aktiengesellschaften über einen Zeitraum von fünf Jahren und wertete über zwei Millionen Finanzdaten und über 100.000 sogenannte Design Actions aus, die weit über die rein visuelle Gestaltung hinausgehen.

Was McKinsey herausgefunden hat: Die wirtschaftlich sehr erfolgreichen Unternehmen behalten folgende vier Aspekte mit je zwei bis drei Verhaltensweisen im Auge, um mit Design einen konkreten Wertschöpfungsbeitrag zu leisten.

Diese bilden das Fundament des McKinsey Design Index:

1. Design ist mehr als ein Gefühl:
- Erfolgreiche Unternehmen verfolgen konsequent eine nutzerzentrierte Strategie.
- Design ist Führungsaufgabe, die auf einer analytischen Grundlage basiert.
- Die leistungsstärksten Unternehmen messen und fördern Designleistung mit der gleichen Konsequenz wie Umsatz und Kosten.

2. Design ist mehr als eine Abteilung:
- Designtalente werden konsequent und abteilungsübergreifend gefördert.
- Designerinnen und Designer arbeiten in cross-funktionalen Teams.
- Top-Unternehmen machen benutzerzentriertes Design zur Aufgabe aller Mitarbeiter und Mitarbeiterinnen. Sie parken das Know-how nicht in einem Design-Silo, sondern leben es im Alltag.

3. Design ist mehr als »einmal schnell«:
- Design ist ein kontinuierlicher Prozess der Weiterentwicklung.
- Die leistungsstärksten Unternehmen reduzieren das Risiko von Neuentwicklungen, indem sie den Endkunden und Endkundinnen kontinuierlich zuhören, neue Ideen testen, verwerfen und verbessern – und zwar möglichst schnell und permanent unterstützt durch Wettbewerbs- und Marktanalysen.

4. Design ist mehr als ein Produkt:
- Design beginnt nicht mit den Spezifikationen einer Lösung, sondern bei der Analyse des Nutzers.
- Design bedeutet Benutzerfreundlichkeit und User Experience.
- Top-Unternehmen bauen die Mauern zwischen physischem, digitalem und Service-Design ab. Sie denken in Markenkontaktpunkten, nicht in analog und digital.

Die Studie zeigt auch: Die wenigsten Betriebe befinden sich im obersten Viertel der untersuchten Unternehmen. 40 Prozent pflegen noch nicht einmal einen direkten Austausch mit ihren Kundinnen und Kunden, um deren Bedürfnisse herauszufinden. Über 50 Prozent messen den betriebswirtschaftlichen Erfolg ihrer Designaktivitäten noch gar nicht. Das gilt sicher nicht nur für börsennotierte Unternehmen, sondern auch für viele Mittelständler und kleine Unternehmen.

Bis alle Unternehmen verstanden haben, dass Design mehr ist als ein Gefühl, mehr als eine Abteilung, mehr als »schnell mal schön« und mehr als ein Produkt, gibt es viel zu tun für gestaltende Beraterinnen und Berater.

Nehmen Sie den Auftrag an?

Sie können sofort Beraterin bzw. Berater sein, wenn Sie es wollen. Beraterin und Berater ist keine geschützte Berufsbezeichnung. Schreiben Sie es einfach auf Ihre Visitenkarte!

Dieser Schritt nötigt Ihnen möglicherweise Respekt ab. Das habe ich bei vielen Designerinnen und Designern erlebt, die diesen Weg eingeschlagen haben. Manche fragten sich, ob sie dazu ein Aufbaustudium in Betriebswirtschaftslehre benötigen oder praktische Erfahrung in einem Beratungsunternehmen. Viele Designerinnen und Designer arbeiten spätestens seit Ende ihres Studiums freiberuflich, eventuell mit einem kurzen Abstecher in eine Agentur. Sie waren nie Teil einer Abteilung innerhalb eines Unternehmens. All das spielt, um als Beraterin bzw. Berater zu arbeiten, wenig bis keine Rolle. Alles, was es braucht, ist Ihre ernsthafte Entscheidung. Die Entscheidung zu sagen: »Beratung gibt es schon von vielen, aber nicht von mir.«

Auf einen Espresso: »Mut zum Eigensinn«

Ich habe den Schritt in die Beratung vor gut zehn Jahren gemacht und nie bereut. Auch ich wurde nicht als Beraterin geboren und habe vor meiner Selbstständigkeit mehrere Jahre in einer Full-Service-Agentur anderen Menschen zugearbeitet. Schlechte Bezahlung und fehlende Anerkennung haben mein Selbstbewusstsein schwinden lassen. Ich habe mehrere Monate Anlauf und einen Burn-out gebraucht, um den

Absprung in die freiberufliche Beratung zu wagen. Geholfen hat mir das Vertrauen anderer Menschen in meine Fähigkeiten und das, was ich bis dahin als meine größte Schwäche erachtet hatte und sich schließlich als meine größte Stärke herausstellte: mein Eigensinn.

Der Spruch »Manchmal muss man eine Tür schließen, damit sich eine neue öffnet.« bewahrheitete sich. Nach kurzer Zeit kam ich durch Empfehlung einer Grafikdesignerin zu meinem ersten Beratungsauftrag, ohne jemals vorher als Beraterin gearbeitet zu haben. Es ging um die Neupositionierung eines Vertriebsberatungsunternehmens im Premiumsegment mit 15 Mitarbeiterinnen und Mitarbeitern, das einen Wechsel in der Geschäftsführung zum Anlass nahm, sich neu aufzustellen. Ein neues Corporate Design sollte her. Leider konnte niemand die Frage »Wofür stehen wir eigentlich?« beantworten. Ein klassischer Auftrag für eine Positionierungsberatung. Zum ersten Mal machte ich alles genau so, wie ich es vorher immer schon hatte machen wollen. Ich stellte unbequeme Fragen, legte den Finger in Wunden, sprach Klartext, erarbeitete mit dem Auftraggeber gemeinsam USP, Markennamen und Strategie. Ich erlebte wie nie zuvor ein tiefes Vertrauen in mich und den von mir gesteuerten Prozess. Was ich auch zum ersten Mal erfuhr: Alles, was wir erarbeitet hatten, wurde eins zu eins umgesetzt. Nichts landete in der Schublade. Alles fand den Weg in die Öffentlichkeit: Zu den Kundinnen und Kunden. Das Corporate Design, das auf der Basis unserer Arbeit entwickelt wurde, hat auch zehn Jahre später noch Bestand.

So wurde ich Beraterin mit Fokus auf kleine Unternehmen, Solopreneurinnen und Solopreneure. Zum einen liebe ich diese Zielgruppe, weil jede Unternehmerin oder jeder Unternehmer, egal ob Solo-, Duo- oder Kleinunternehmen, eine ganz konkrete Idee hat, wie er oder sie die Welt seiner oder ihrer Kundinnen und Kunden besser machen will. Diese Unternehmen haben Charakter und Geschichte. Das sind die besten Voraussetzungen, um erfolgreich eine Marke zu werden.

Zum anderen wurde mir deutlich: Dem Markt fehlte eine Beratung, die sich auf alle Unternehmen fokussiert, die glauben, kein Geld und keine Zeit für Marketing zu haben. Das war die Geburtsstunde meiner Espressostrategie.

Die Idee dahinter ist, dass eine Marke sein sollte wie ein Espresso: klein, stark, auf das Wesentliche konzentriert. Das spart Unternehmen Zeit und Geld. Zu ihrer ganz individuellen Espressostrategie führe ich meine Auftraggeberinnen und Auftraggeber anhand des auf kleine inhabergeführte Unternehmen zugeschnittenen Vier-Ebenen-Modells SEIN, HABEN, SAGEN und TUN.

Dieses Modell liegt auch dem Buch zugrunde, das Sie gerade in den Händen halten.

Wie auch immer Sie sich entscheiden, in Ihrem Beruf weiterzumachen, ich will Sie ermutigen, mit den vier Ebenen der Espressostrategie Ihren eigenen Weg als gestaltende Beraterin bzw. gestaltender Berater zu finden und einzuschlagen. Sollten Sie sich dafür entscheiden, brauchen Sie sich weder zu verstellen noch müssen Sie irgendetwas Neues studieren. Möglicherweise sollten Sie für die nächste Version Ihrer selbst nur ein paar Verhaltensmuster ändern und einige neue Werkzeuge in Ihren Koffer legen.

Damit Sie Ihre Stärken, Fähigkeiten und Expertise neuen Auftraggeberinnen und -gebern auf die Essenz reduziert servieren können – am besten mit schöner Crema.

Nehmen Sie den Auftrag an?

MIT DER ESPRESSO-STRATEGIE ZUR GESTALTENDEN BERATUNG

GEHEN SIE IHREN EIGENEN WEG

Die vier Ebenen der Espressostrategie

Was jetzt auf Sie zukommt, ist kein Espresso, sondern ein der Zubereitung eines perfekten Espressos ähnlich komplexer Prozess. Während sich bei einem wirklich guten Espresso Bohnensorte, Mahlgrad, Röstung, Maschine und das Fachwissen von Baristas zu einem wohltuenden Geschmackserlebnis verbinden, entwickeln Sie bei der Espressostrategie Ihre Repositionierung in vier aufeinander aufbauenden Ebenen, die sich nach und nach zu einem stimmigen Ganzen verdichten. Ziel ist es, über die Zeit tiefes Vertrauen bei Ihrer Zielgruppe aufzubauen und ganz nah an deren Bedürfnissen dran zu sein.

So linear, wie das Vier-Ebenen-Modell es suggeriert, ist der Weg allerdings nicht. Manches Mal machen Sie möglicherweise zwei Schritte vor und einen wieder zurück. Das ist ganz normal. Die einen halten sich etwas länger auf der einen Ebene auf als andere. Auch das ist nicht ungewöhnlich, wenn man seinen eigenen Weg geht. An den folgenden Stationen kommen Sie alle vorbei:

Auf der zweiten Ebene, dem HABEN, erfahren Sie, woran Sie jene Unternehmen erkennen, die gestaltende Beratung brauchen. Ich stelle Ihnen die Magnetprodukt-Arena vor – eine Methode, mit der Sie den Prototyp Ihres neuen Angebots als gestaltende Beraterin bzw. gestaltender Berater entwickeln. Sie erhalten eine Anleitung, wie Sie den kaufmännisch sinnvollen Preis für Ihr Beratungsangebot kalkulieren.

Auf der ersten Ebene, dem SEIN, entwickeln Sie ein neues Bewusstsein dafür, wer Sie sein wollen und wie Sie künftig arbeiten möchten. Sie klären für sich, ob Sie das Zeug zur Beraterin bzw. zum Berater haben. Ich zeige Ihnen, an welchen Stellen Sie sich auf dem Weg zur Beraterin bzw. zum Berater möglicherweise selbst im Weg stehen. Wir gehen der Frage nach, was Sie tun können, damit Unternehmen Vertrauen in Sie und Ihre Fähigkeiten entwickeln.

Das Vier-Ebenen-Modell der Espressostrategie

Vertrauen

TUN

SAGEN

Auf der dritten Ebene, dem SAGEN, befassen wir uns damit, wie Sie künftig über Ihre Arbeit sprechen. Gute Gespräche sind der Auftakt für gute Beziehungen und gute Beziehungen Voraussetzung für gute Geschäfte. Ich gehe darauf ein, wie Ihr neues Kundenversprechen aussehen kann. Sie erhalten mit der Customer Journey Map ein wirksames Tool, mit dem Sie Ihre Kommunikation und Vermarktung zielgerichtet aussteuern können.

Auf der vierten und letzten Ebene, dem TUN, geht es darum, ins Handeln zu kommen. Alles, womit wir uns bisher beschäftigt haben, waren Ideen und Konzepte. Nun geht es darum, umzusetzen was Sie sich vorgenommen haben. Einfach Beraterin bzw. Berater werden ist ja leichter gesagt als getan. Wie neue Routinen entwickeln? Worauf konzentrieren? Wo beginnen?

Zu guter Letzt bekommen Sie eine Not-to-do-Liste an die Hand. Die Tage werden nicht länger, nur weil Sie sich entscheiden, Ihren Beruf neu zu erfinden. Was können Sie getrost weglassen, um der neuen Ausrichtung mehr Raum zu geben?

Am Ende jeder Ebene der Espressostrategie finden Sie jeweils passende Tools, um sich Ihre eigene Positionierung Schritt für Schritt zu erarbeiten.

Zeit

SEIN

EIN NEUES SELBSTVERSTÄNDNIS FÜR GESTALTERINNEN UND GESTALTER

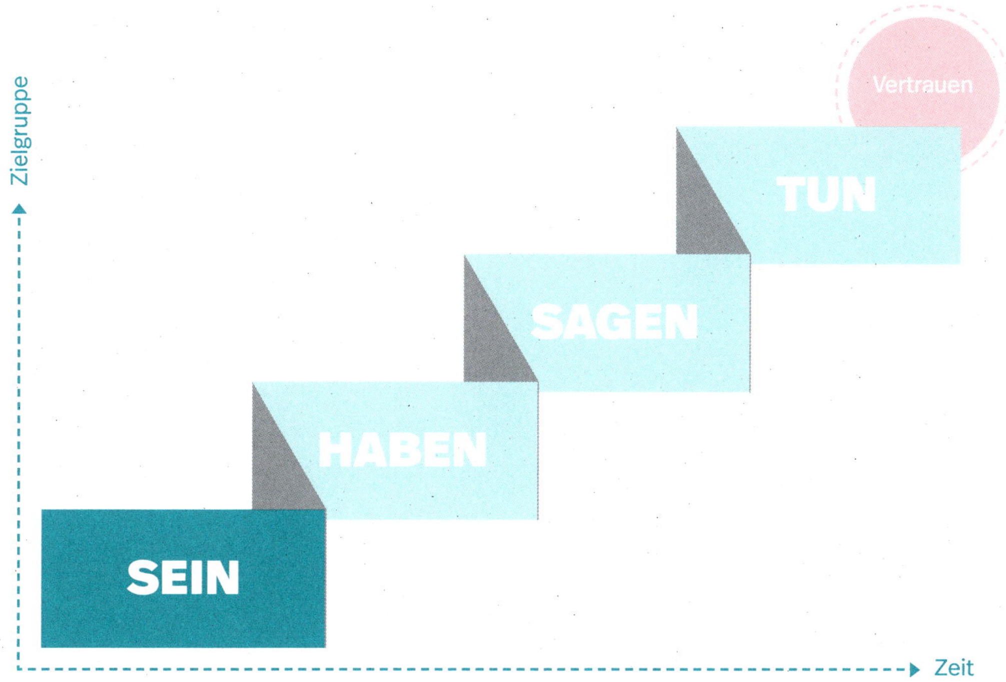

Worum geht's beim SEIN?

Zu Beginn einer neuen Positionierung ist es wichtig, sich mit dem eigenen Selbstverständnis zu beschäftigen. Dieses entscheidet darüber, wie groß Ihr Anteil an der Gestaltung der neuen Unternehmenswelt ist. Deshalb startet die Espressostrategie mit der Ebene SEIN. Wer Sie sind, wie Sie sich selbst und wie andere Sie sehen – davon hängt ab, wo man Sie künftig verorten wird. Ihre Haltung entscheidet darüber, wie die Unternehmenswelt Ihrer Auftraggeberinnen und Auftraggeber in Zukunft gestaltet sein wird: die Marke, die Kommunikation und die Prozesse. Stärken Sie Ihre Stärken, gehen Sie selbstbewusst mit Ihren Schwächen um, bereichern Sie die Beratungswelt.

Die Zeit der vornehmen Zurückhaltung ist vorbei.

Was es bedeutet, Beraterin bzw. Berater zu sein

Klischee und Wirklichkeit

In einem der Interviews, die ich für dieses Buch führte, erzählte mir ein Designer, dass Berater für ihn dunkle Anzüge tragen und viel Papier und noch mehr Probleme zurücklassen, wenn sie das Unternehmen wieder verlassen. Damit konnte er sich überhaupt nicht identifizieren. Das hielt ihn davon ab, sich selbst als Berater zu sehen und aufzutreten. Möglicherweise tragen auch Sie eine Vorstellung von Beraterinnen und Beratern in sich, die Sie nicht mit sich selbst in Einklang bringen.

Das Gefühl kenne ich nur zu gut. Ich will Sie daher einladen, sich ein neues Bild zu zeichnen.

Auf einen Espresso: »Beraterin in knallgelbem Blazer statt dunklem Kostüm – hands-on statt Powerpoint«

Ich erinnere mich noch gut, wie ich nach meinem Schulabschluss eine Ausbildung bei einem deutschen Versicherungskonzern begann. Immer mal wieder sah man einen kleinen Trupp von Männern in dunklen Anzügen durch die Flure der Chefetage streifen. Sie hielten dicke Ordner in der einen Hand und teure Aktentaschen in der anderen. Meine Ausbilderin raunte hinter vorgehaltener Hand, das seien die Berater von McKinsey. Mit knapp zwanzig wusste ich noch nicht, was Unternehmensberater genau tun, aber schnell wurde mir klar, es würden einschneidende Maßnahmen folgen. Wann immer ich später über die großen Beraterfirmen las, war die Rede von Kosteneinsparungen und Personalabbau. Das schien mir nicht sehr kreativ. Es musste doch andere Wege geben, damit Menschen und Unternehmen erfolgreich sind!

Als ich später BWL studierte, bekam ich Jobangebote von großen Beratungsfirmen. Ich lehnte ab. Das in diesen Unternehmen herrschende Menschenbild und das Aufgabenspektrum waren mir nicht geheuer.

Heute muss ich schmunzeln, wenn ich mir mein damaliges Bild von Unternehmensberatern vor Augen führe. Es ist ungefähr genauso schräg und unzutreffend wie das, das viele Menschen von Designerinnen oder Designern haben. Irgendwann habe ich einfach beraten. Also war ich Beraterin. In den zehn Jahren als Markenberaterin habe ich noch nie im strengen Businesskostüm als allwissende Beraterin fertige Lösungsvorschläge in Powerpoint präsentieren müssen, um meine Auftraggeberinnen und Auftraggeber zu überzeugen. Im Gegenteil: Ich stehe mit meinem knallgelben Blazer am Flipchart. Er ist sogar zu meinem Markenzeichen geworden.

Das Bild, das der Kollege und ich in den Köpfen hatten, ist stark geprägt durch die großen amerikanischen Beratungsgesellschaften, die in Konzernen tätig sind. Das Stereotyp von Menschen mit Ellbogen-Mentalität und »Nach-mir-die-Sintflut« wird auch heute noch gern in den Medien aufgegriffen. Es ist und bleibt ein Klischee.

AUSSEN
Auftraggeber/in
Partner/in
Lieferant/in
Mitbewerber/in

In der VUKA-Welt gestalten Sie, wie Menschen in und mit Unternehmen künftig miteinander arbeiten und kommunizieren. Ihre Beratung wirkt im Innen und Außen ganzheitlich auf Strategie, Kommunikation, Strukturen, Prozesse und Systeme.

Die Beraterwelt ist insgesamt deutlich diverser. Es gibt Strategieberatung, Marketingberatung, Kommunikationsberatung, PR-Beratung, Organisationsberatung, Change-Beratung, Prozessberatung, IT-Beratung, Designberatung. Es gibt Trainerinnen und Coachs, die Beraterinnen und Berater werden und umgekehrt. Das Spektrum an Beratungsdisziplinen ist ein Spiegel der Unternehmenswelt. Je vielfältiger und komplexer diese wird, desto vielschichtiger werden die Beratungsanlässe und damit die Beratungsbezeichnungen.

Die Beratungswelt ist für Expertinnen und Experten aus ganz unterschiedlichen Fachbereichen viel durchlässiger geworden. Die meisten Beraterinnen und Berater durchlaufen zuerst eine Fachlaufbahn und machen sich dann mit ihrer gesammelten Erfahrung selbstständig oder schließen sich mit anderen zu Beratungsunternehmen zusammen.

Innerhalb kleiner Unternehmen werden zunehmend Themen im Zusammenhang beraten, die vorher getrennt betrachtet wurden. Eine Folge der VUKA-Welt, die ich eingangs beschrieb. Wenn ich heute als Beraterin für strategische Markenkommunikation in ein Unternehmen gerufen werde, hat das immer auch Auswirkungen auf die Strukturen und Prozesse im Unternehmen und zieht in der Regel Verhaltensänderungen bei Führung und Belegschaft nach sich.

Nicht nur die Felder von Beratung haben sich verändert, auch die Arbeitsweise. Während früher Beraterinnen und Berater beauftragt wurden, um Unternehmen zu analysieren und dann Lösungsvorschläge inklusive Maßnahmenpaketen zu erarbeiten, die die Geschäftsführung top down ihren Mitarbeitern und Mitarbeiterinnen sowie Führungskräften verordnete, ist Beratung heute ein dialogischer Prozess. Beraterinnen und Berater arbeiten eher gemeinsam mit Mitarbeiterinnen und Mitarbeitern des betreffenden Unternehmens an der Lösung von Problemen und an neuen Zielen. Die Beraterin bzw. der Berater verbindet ihre bzw. seine Expertise in einem bestimmten Fachbereich oder einer Branche mit der Kompetenz ihrer bzw. seiner Auftraggeber und Arbeitgeberinnen sowie den Betriebsangehörigen. Sie befähigen die Menschen im Unternehmen, selbst Probleme zu definieren und

Lösungsvorschläge zu erarbeiten und zu bewerten. Wissen zu teilen, steht im Vordergrund, nicht die Wissenshoheit zu behalten, wie es früher der Fall war. Der Prozess hat an manchen Stellen mehr von Coaching als von klassischer Beratung.

Beratung heißt nichts anderes, als dass ein Mensch andere Menschen mit seinem Wissen und seiner Erfahrung für einen bestimmten Zeitraum begleitend zur Seite steht. Als Designerin bzw. Designer tun Sie genau das bereits seit vielen Jahren für Ihre Auftraggeberinnen und Auftraggeber. Sie stellen ihnen Fragen, werten die Antworten aus, ziehen Schlüsse und entwickeln eine neue Lösung für diese. Wenn Sie in die Rolle der gestaltenden Beraterin bzw. des gestaltenden Beraters schlüpfen, ändert sich nur der letzte Aspekt:

Sie entwickeln nicht mehr Lösungen **FÜR** Ihre Auftraggeber und Auftraggeberinnen, sondern **MIT** ihnen.

Anforderungen an die gestaltende Beratung

Entscheidungen in erfolgskritischen Unternehmensbereichen – dazu zählen Unternehmenskommunikation und Marktausrichtung – ziehen immer weitere Kreise nach sich. Als Beraterinnen bzw. Berater haben wir die Chance, die Arbeitswelt unserer Auftraggeberinnen und Auftraggeber gemeinsam mit ihnen so zu gestalten, dass sie mehr Klarheit gewinnen und dadurch erfolgreicher und zufriedener sind. Damit einhergehend haben wir auch die Verantwortung, Führungskräfte und Belegschaft gut durch den Prozess zu begleiten. Als gestaltende Beraterin und gestaltender Berater bieten Sie strategische Managementberatung, Prozessberatung und Changeberatung in Personalunion. Entsprechend vielseitig sind die Anforderungen, die an Sie als Beraterin und Berater gestellt werden.

Darüber hinaus sind Sie in Beratungsprozessen je nach Situation als Moderatorin und Moderator, als Mediatorin und Mediator, als Teamentwicklerin und Teamentwickler sowie als Motivationstrainerin und -trainer gefordert.

Was sind die konkreten Anforderungen an Sie als gestaltende Beraterin und gestaltenden Berater?

Zu Beginn des Prozesses klären Sie die strategischen Ziele. Sie führen eine umfassende Analyse durch, die dem Briefing im Designprozess sehr ähnlich ist. Dafür braucht es bei kleinen Unternehmen im Normalfall kein Marktforschungsunternehmen, da das Wissen im Haus vorhanden ist. Die Inhaberinnen und Inhaber kleiner und mittelständischer Unternehmen kennen ihren Markt und ihre Kundschaft für gewöhnlich sehr gut. Wichtig sind die strategischen Fragestellungen nach den Zielen und dem Markt, aber auch Fragen, anhand derer Sie etwas über die Menschen herausfinden, mit denen Sie arbeiten werden. Über deren Interessen und über mögliche Konflikte. Ich mache hier sehr gute Erfahrungen mit einem ausführlichen schriftlichen Fragebogen, den ich im Laufe der Jahre durch die Expertise und den Austausch mit Kolleginnen und Kollegen immer mehr verfeinert habe. Auf diese Weise können Ihre Auftraggeberinnen und Auftraggeber in Ruhe Fragestellungen und Herausforderungen in der Tiefe reflektieren. Zudem können Sie die Antworten aller Beteiligten miteinander vergleichen. Dadurch bekommen Sie dank Ihrer analytischen Fähigkeiten und Ihres vernetzten Denkens gleich einen guten Überblick, wo es hakt und wo die Reise hingehen soll.

> Analysefragebogen siehe Toolbox SEIN S. 59.

Es ist sinnvoll, alle Stakeholder einer Markenpositionierung an den Tisch zu holen. Zu oft habe ich erlebt, dass ein Konzept das nur »mit ganz oben« abgestimmt ist, von »unten« boykottiert wird, weil unterschiedliche Erwartungen und Wissensstände nicht miteinander in Einklang gebracht wurden. Nicht selten werden Sie bei solchen Interventionen auf offene oder versteckte Konflikte treffen. Je hierarchischer das Unternehmen geführt wird, desto wichtiger ist es, die verschiedenen Ebenen sprichwörtlich an einen Tisch zu setzen. Hier brauchen Sie Moderationsfähigkeiten, mit denen Sie die einzelnen Teilnehmerinnen und Teilnehmer in einem ausgewogenen Verhältnis zu Wort kommen lassen. Alle müssen sich abgeholt und gehört fühlen, damit sie sich am Ende mit den erarbeiteten Ergebnissen identifizieren.

Ich habe noch nie erlebt, dass ein Unternehmen glatt und reibungslos durch den Prozess rutscht. Markenarbeit ist Arbeit mit Menschen, und Menschen sind – anders als Excelsheets und Bilanzen – nicht berechenbar. Die wichtigste Aufgabe der Beraterin bzw.

des Beraters in diesem Prozess ist, immer wieder respektvoll den Finger in die Wunde zu legen, möglichst schnell die Ursachen der Probleme zu erarbeiten und gemeinsam mit der Auftraggeberin und dem Auftraggeber Lösungen zu finden. Sie sprechen Konflikte und Widersprüche an, ohne sich vereinnahmen zu lassen. Als Beraterin oder Berater haben Sie dabei stets die Ziele im Blick. Sie halten mit Ihrer Meinung nicht hinter dem Berg, wenn Sie sehen, dass sich das Team mit der erstbesten Lösung zufriedengeben oder einen faulen Kompromiss eingehen will. Ihre Aufgabe ist es, den kreativen Prozess zu steuern, während das Team sein Fachwissen einbringt.

Dieser Prozess stellt bisherige Verhaltensweisen und Vorstellungen des Unternehmens in Bezug auf sich selbst und seiner Kundinnen und Kunden infrage. Da ist mit Widerständen zu rechnen und auch mit überraschenden Ergebnissen. Ich liebe es, wenn ich im Beratungsprozess an diesen Punkt komme. Denn dann weiß ich, dass wir auf dem richtigen Weg sind.

Auf einen Espresso: »Meistens kommt es anders, als man denkt«

Ein Unternehmen, geführt in dritter Generation, die nächste in den Startlöchern, hatte sich über die Jahre von einem kleinen Handwerksbetrieb hin zu einem regionalen Premiumanbieter entwickelt, geprägt von hoher Expertise und Beratungsqualität. Die Firma wurde mit ihrer Kundschaft älter. Sie realisierte, dass junge Menschen lieber im Internet bestellten. Noch standen sie gut da. Eine typische Situation für viele Familienunternehmen im Handel. Die Geschäftsführung wollte ihr Unternehmen für die nächste Generation zukunftsfähig neu ausrichten. Im Raum stand die Frage nach einer Dachmarke. Eine Agentur hatte dazu bereits ein schickes Logo entworfen. War das die richtige Entscheidung? Wie sollte der Internetauftritt aussehen? Brauchte es einen eigenen Onlineshop?

Das waren die Ausgangsfragen, mit denen einer der Inhaber an mich herantrat. Die Geschäftsführung wollte Klarheit für die Neuausrichtung ihrer Marke und damit ihres Unternehmens.

Wer die im Prozess Beteiligten sein sollten, war schnell geklärt: Das Management, die Marketing- und Vertriebsverantwortlichen sowie die Nachfolgerin, die in den Startlöchern stand.

Nach einer Stunde am ersten Workshoptag passierte Folgendes: Einer der Geschäftsführer lehnte sich in seinem Stuhl zurück, nachdem er seinem Kompagnon und den anderen Teilnehmerinnen und Teilnehmern zugehört hatte, was im Argen liegt und was sie sich wünschen. Er sagte: »Und ich dachte, es geht hier um ein neues Logo und einen Markennamen. Jetzt merke ich, dass es um viel mehr geht! Wir müssen uns mit unserem Ladenkonzept, mit unseren Mitarbeitern und viel genauer mit den Bedürfnissen unserer Kunden auseinandersetzen.«

Ein Schlüsselmoment im Beratungsprozess! Ab diesem Moment war allen Beteiligten klar, worum es ging, und alle zogen an einem Strang. Die Kernwerte der Marke wurden definiert, die Zielgruppen neu geclustert, deren Bedürfnisse herausgearbeitet, Markenversprechen und Kundenansprache entsprechend angepasst.

Zwei Dinge, mit denen sie nicht gerechnet hatten: Das Team verstand, dass sie sich von dem für eine nicht unerhebliche Summe von einer Agentur entwickelte Logo verabschieden mussten, weil es die Marke nicht verkörperte. Die Führungscrew erkannte, wie wichtig es ist, sich regelmäßig im Team auszutauschen. Wöchentliche Meetings wurden implementiert. Ein Novum.

Testen Sie Ihre Beratungsqualitäten

Um in der heutigen Beratungswelt Fuß zu fassen, bringen Sie als gestaltende Beraterin bzw. als gestaltender Berater idealerweise eine gute Mischung an Stärken, Fähigkeiten und Kompetenzen mit. Überprüfen Sie anhand der folgenden Liste, wo Sie stehen:

Persönliche Stärken und Fähigkeiten

1 = nicht sehr ausgeprägt
5 = sehr ausgeprägt

	1	2	3	4	5
Sie mögen Menschen. Das Verhalten von Menschen in Organisationen interessiert Sie.	☐	☐	☐	☐	☐
Sie verfügen über ein hohes Maß an Problemlösungskompetenz.	☐	☐	☐	☐	☐
Sie können sich sehr schnell in unbekannte Problemstellungen einarbeiten.	☐	☐	☐	☐	☐
Sie forschen nach Ursachen und interpretieren nicht nur Symptome.	☐	☐	☐	☐	☐
Sie legen den Finger in die Wunde, ohne Schuldzuweisungen zu machen.	☐	☐	☐	☐	☐
Sie sehen Zusammenhänge, die andere nicht sehen.	☐	☐	☐	☐	☐
Sie finden neue Wege.	☐	☐	☐	☐	☐
Sie machen Betroffene zu Beteiligten.	☐	☐	☐	☐	☐
Sie geben sich nicht mit der erstbesten Lösung zufrieden, sondern nur mit der vielversprechendsten.	☐	☐	☐	☐	☐
Sie haben den Mut, diese Lösung auch gegen Widerstände zu vertreten.	☐	☐	☐	☐	☐
Schwierigkeiten und Konflikte sind für Sie eine schöne Herausforderung und kein Hindernis.	☐	☐	☐	☐	☐
Sie haben einen ausgeprägten Veränderungswillen.	☐	☐	☐	☐	☐
Sie haben die Geduld und das Verantwortungsbewusstsein, um die Lösung in die Umsetzung zu begleiten.	☐	☐	☐	☐	☐
Sie können das, weil Sie analytisch, neugierig, offen, hartnäckig, kreativ, kommunikativ, motivierend, inspirierend, lernfähig, strukturiert, verantwortungsbewusst, empathisch und zielorientiert sind.	☐	☐	☐	☐	☐

Fachliche Expertise, die Sie mitbringen sollten

	1	2	3	4	5
Sie haben im Fachbereich (z. B. Marketingabteilung) Ihrer Auftraggeberin bzw. Ihres Auftraggebers ein Verständnis für die Wirkungsmechanismen und die daraus resultierenden Anforderungen.	☐	☐	☐	☐	☐
Sie haben das Problem, das Ihre Auftraggeberin bzw. Ihren Auftraggeber betrifft, schon vielfach erlebt und verfügen über »Meta-Wissen« dazu.	☐	☐	☐	☐	☐
Sie haben praktische Erfahrung in der Branche und / oder mit der Art des Unternehmens (z. B. Start-ups).	☐	☐	☐	☐	☐
Sie verfügen über bereits erste Erfahrungen in der Beratung.	☐	☐	☐	☐	☐
Sie können unternehmerisch denken und haben ein betriebswirtschaftliches Grund-Know-how.	☐	☐	☐	☐	☐
Sie verfügen über Methodenwissen oder sind in der Lage, dieses Methodenwissen zu erlernen, um komplexe Sachverhalte zu reduzieren.	☐	☐	☐	☐	☐
Sie sind offen in der Weitergabe Ihres Wissens und Know-hows.	☐	☐	☐	☐	☐

Überfachliche Expertise, die Sie benötigen

	1	2	3	4	5
Sie können die aus unterschiedlichen Sichtweisen und Befindlichkeiten der am Beratungsprozess Beteiligten resultierende Gruppendynamik steuern und Konflikte moderieren.	☐	☐	☐	☐	☐
Sie können komplexe Sachverhalte einfach erklären, Menschen so einbeziehen, dass sie sich abgeholt und verstanden fühlen und sich für den Prozess öffnen.	☐	☐	☐	☐	☐
Sie verfügen über Projektmanagement-Qualitäten und wissen, wie Sie über einen längeren Zeitraum strukturiert und nachvollziehbar zu Ergebnissen kommen.	☐	☐	☐	☐	☐

Hilfreiche, aber nicht erfolgskritische Eigenschaften

	Ja	Nein
Sie sind Mitglied in einem Berufsverband, der Ihre fachliche Expertise untermauert, z. B. Berufsverband der Kommunikationsdesigner (BDG) oder Bund Deutscher Unternehmensberater (BDU).	☐	☐
Sie sind gerne unterwegs.	☐	☐
Sie sind bereit, die Pausen der anderen zum Strukturieren und Gestalten der nächsten Einheiten herzugeben.	☐	☐
Sie mögen den Mix aus anregenden Tagen, rechtschaffen müden Abenden und zufriedenen Auftraggeberinnen und Auftraggebern.	☐	☐

Wie schneiden Sie ab?

Sollten Sie Felder sehen, in denen Sie sich eher links eingeordnet haben, prüfen Sie, ob Sie bereit sind, sich in diesen Bereichen gezielt weiterzubilden. Seien Sie gnadenlos ehrlich zu sich selbst. Gute Beraterinnen und Berater erkennen Sie daran, dass sie kontinuierlich Zeit und Geld in ihre Kompetenz investieren. Ohne Lektüre von Fachliteratur und die gezielte Fortbildung in Seminaren geht es nicht.

Um sich betriebswirtschaftliches Basis- oder Methodenwissen anzueignen, brauchen Sie kein BWL-Studium. Lesen Sie regelmäßig Wirtschaftsmagazine und Bücher, besuchen Sie Fach-Konferenzen, um up to date zu bleiben.

In Sachen Workshop-Facilitation gibt es eine Reihe sehr guter Fachbücher mit Übungen und Weiterbildungsangeboten.

› Eine Auswahl finden Sie in den vertiefenden Leseanregungen auf S. 168.

Und wie so oft im Leben macht die Übung die Meisterin bzw. den Meister. Werfen Sie sich ins Getümmel!

Auf einen Espresso: »Am besten von den Besten lernen«

Vor meinem allerersten Markenberatungsprozess mit einem Team erarbeitete ich gemeinsam mit einer Coachin die Didaktik und Werkzeuge für einen zweitägigen Positionierungsworkshop. Mir war wichtig, dass ich alle gut an Bord hole und wir gemeinsam zu Ergebnissen kommen, mit denen sich alle identifizieren. Das hat geklappt. Eines der schönsten Komplimente, die ich für meine Arbeit bekommen habe, war: »Wie durch Zauberhand haben Sie es geschafft, dass wir alle an einem Strang ziehen.« Diese »zauberhafte« Struktur hat bis heute Bestand.

Bei meinem ersten Seminar ging eine Teilnehmerin gleich zu Beginn in eine Widerstandshaltung, die an Arbeitsverweigerung grenzte. Die Stimmung drohte zu kippen. Ich bekam die Kurve, aber das Feedback einer anderen Teilnehmerin am Ende war: Nun wisse sie, wie sie es auf keinen Fall machen würde. Es war niederschmetternd.

Seitdem leiste ich mir nach einem holprigen Seminar oder einer schwierigen Beratungssituation die Supervision einer erfahrenen Trainerin. Immer wieder lasse ich mir von Expertinnen und Experten Bücher empfehlen, in denen gute Übungen und Methoden beschrieben werden, die ich auf das Thema Marke und Marketing adaptiere.

Weil ich sehr früh den Rat von Profis einholte, hatte ich schnell Erfolgserlebnisse in Form von durchweg guten Bewertungen. Diese Rückmeldungen sind wichtig für mich, denn als Perfektionistin drohe ich oft, an meinen eigenen Ansprüchen zu scheitern. Hier hilft mir meine Haltung: Um die Beste meines Fachs zu werden, lerne ich am besten von den Besten.

Sie können das! (Was ich nicht kann.)

Bei erfolgreicher Markenarbeit stehen die Kundinnen und Kunden mit ihren Bedürfnissen im Fokus. Das bedeutet, wir nehmen deren Perspektive ein und leiten daraus Stellschrauben ab. Ich erlebe in meinen Beratungsprozessen immer wieder, was Designerinnen und Designer klassischen Beraterinnen und Beratern voraushaben: Sie können beim Zuhören schnell einen ersten konkreten Lösungsansatz skizzieren. Diese Visualisierung vor dem inneren Auge der Auftraggeberin bzw. des Auftraggebers schafft Klarheit, Konzentration auf das Ziel und motiviert. Ergebnisse werden besser verankert, weil Designerinnen und Designer sie durch Bilder, Medien und handfeste Materialien lebendig und greifbar machen.

Viele Designerinnen und Designer brennen dafür, Neues zu entwickeln. Sie beherrschen die Kunst, bestehende Kontexte neu zu interpretieren und zu kombinieren und dadurch andere Bedeutungszusammenhänge zu schaffen. Die schnelle Auffassungsgabe und das starke Assoziationsvermögen prädestinieren sie, Neues entstehen zu lassen. Gut so! Denn das ist eine der wichtigsten Qualitäten gestaltender Beraterinnen und Berater. Sie werden nicht beauftragt, damit alles so bleibt, wie es ist, sondern um Ihrer Auftraggeberin bzw. Ihrem Auftraggeber neue Wege und Perspektiven in der VUKA-Welt zu eröffnen.

Zu Beginn jedes Beratungsmandats arbeiten Sie sich in die aktuelle Unternehmenssituation ein. Sie lernen die gegebenen Strukturen, Prozesse und Stakeholder kennen und verstehen. Nur heißt das nun nicht mehr Briefinggespräch, sondern Analyse. Sie arbeiten innerhalb kürzester Zeit relativ viele unstrukturierte Informationen strukturiert auf. Mit dem Unterschied, dass Sie jetzt dafür bezahlt werden.

Als Designerin bzw. Designer mit mehreren Jahren Berufserfahrung im Bereich der Kommunikation, des Marketings und der strategischen Markenführung haben Sie schon einiges gesehen und erlebt. Sie haben Ihre Auftraggeberinnen und Auftraggeber bei der Entwicklung von Kommunikationsmaßnahmen beraten, Designprojekte über einen längeren Zeitraum begleitet und möglicherweise schon Kreativworkshops in kleinen Runden moderiert.

Die oben beschriebenen Eigenschaften sind typische Beratungseigenschaften, die Sie mehr oder weniger stark ausgeprägt einbringen, abhängig von der Branche, in der Sie tätig sind.

Vielleicht verfügen Sie auch über ein paar einzigartige »Features«, die Sie bislang eher als »Bug« empfunden haben – wie ich meinen Eigensinn. Dann ist jetzt der richtige Zeitpunkt, an dem diese versteckten »Macken« das Licht der Welt erblicken dürfen.

Die eigenen Stärken und Beratungsqualitäten selbst einzuschätzen ist schwierig. Menschen, die bereits mit Ihnen zusammengearbeitet haben, können das viel besser. Nutzen Sie hierfür die »Love Shower«, bei der Sie bisherige gute Kontakte um Feedback zu Ihrer Arbeit bitten.

> Leitende Fragen zur »Love Shower« siehe Toolbox SEIN S. 62.

Mit dem eigenen WARUM Selbstbewusstsein tanken

Die Frage nach dem WARUM ist eine der mächtigsten Fragen überhaupt. Sie legt Motive offen. Sie ist der Motor zur Motivation – und zwar Ihrer und der Ihrer Auftraggeberinnen und Auftraggeber. Wenn Ihr WARUM mit dem WOZU des Unternehmens im Einklang steht, kann das der Beginn einer guten Geschäftsbeziehung sein. WARUM- und WOZU-Fragen sind die stärksten Fragen im Briefinggespräch: Warum meinen Sie, einen Flyer zu brauchen? Wozu soll das neue Corporate Design dienen?

Um Ihrem neuen Selbstverständnis auf die Spur zu kommen, beantworten Sie folgende Frage: Warum tun Sie, was Sie tun?

Der Golden Circle vom WARUM, zum WIE und WAS

In seinem Buch »Start with why«[4] vermittelt Simon Sinek anschaulich, wie inspirierende Leader Menschen motivieren, zu handeln, eine Entscheidung zu treffen, sich auf etwas festzulegen. Sie beginnen ihre Geschichte mit dem WARUM und sprechen erst später über das WIE oder das WAS.

Als berühmte Beispiele nennt Simon Sinek in seinem Buch Martin Luther King Jr. und Steve Jobs.

Martin Luther King gelang mit den Worten »I have a dream« die entscheidende Wendung in seiner berühmten Rede, um die 250.000 versammelten Menschen mitzureißen. Es sind die letzten fünf Minuten seiner Ansprache, als er über sein WARUM, seinen Traum spricht, die sie so berühmt und so wirkungsvoll machten.

Der Aufstieg von Apple als Vordenker und Vorreiter der gesamten Computerbranche und später der Mobilfunkhersteller erklärt sich damit, dass sie die Ersten waren, die sich mit dem WARUM beschäftigten. Es ging nicht darum, die Besten oder die Größten zu werden, sondern das Unternehmen mit den loyalsten Kundinnen und Kunden. Steve Jobs war ein sehr eigensinniger Mensch. »Think different« war der Slogan, mit dem sie angetreten sind, und haben damit alle magisch angezogen, die sich genau mit dieser Botschaft identifizierten.

Simon Sinek nennt es den »Golden Circle«. Wer loyale Auftraggeberinnen und Auftraggeber möchte, muss innen anfangen und nach außen kommunizieren.

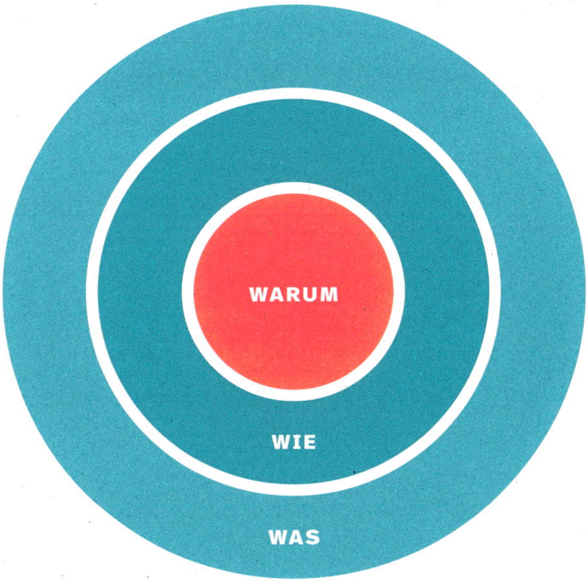

Golden Circle von Simon Sinek (»Start with why«)

Wenn Sie mit dem Gedanken spielen, Beraterin bzw. Berater zu werden – und das tun Sie, da Sie dieses Buch lesen – fragen Sie sich wahrscheinlich: »Warum sollte mich ein Unternehmen als Beraterin bzw. Berater beauftragen?«

Die Antwort liegt in Ihrem WARUM. Warum gestaltende Beratung? Wenn Sie diese Frage beantworten können, sind Sie Ihrem Ziel einen entscheidenden Schritt nähergekommen. Die Frage nach dem WARUM ist allerdings auch die am schwierigsten zu beantwortende. Deswegen scheuen sie so viele.

Ich vermute, dass der Selbstwert der Designerin und des Designers u. a. in Schieflage geraten ist, weil sie aufgehört haben, über ihr WARUM zu sprechen. Ich höre oder lese nie die Geschichte, warum sie sich für diesen Beruf entschieden haben, was ihr Traum war, wofür sie angetreten sind. Designerinnen und Designer zeigen fast ausschließlich ihr WAS: Logos, Corporate Designs, Webdesigns, Flyer und Visitenkarten, Kampagnen. Ihr ursprünglicher Antrieb scheint in Vergessenheit geraten. Sie reduzieren sich auf Leistungsbeschreibungen und Portfolios mit bunten Bildern. Das führt dazu, dass sie auf handwerkliches Können und Design als

Produkt reduziert werden. Sie werden vergleichbar. Aus der Vergleichbarkeit wird Preiskampf, der mit sinkenden Honoraren und dem Anspruch an schnelle Ergebnisse einhergeht. Auftraggeber und Auftraggeberinnen, die ein WAS kaufen, sind weder besonders loyal noch besonders wertschätzend. Das schnelle Ergebnis zählt. Sonst nichts. Wie sich das anfühlt, kennen Sie wahrscheinlich aus Ihrem Berufsalltag.

Wenn Sie sich als gestaltende Beraterin bzw. als gestaltender Berater positionieren wollen, brauchen Sie eine Antwort auf folgende Frage Ihrer potenziellen Auftraggeberinnen und Auftraggeber: »Warum sollte ich ausgerechnet eine Designerin als Beraterin bzw. einen Designer als Berater beauftragen?« Das bedeutet, sich nicht nur mit Ihrem WARUM als gestaltende Beraterin bzw. als gestaltender Berater zu beschäftigen, sondern auch damit, warum Sie Designerin bzw. Designer geworden sind? Was war Ihre ursprüngliche Intention? Wofür sind Sie damals angetreten? Wofür haben Sie gebrannt? Wofür brennen Sie heute?

Die wahre Kraft des WARUMs liegt in uns. Im Gefühl. Das WAS besteht meist aus Zahlen, Daten und Fakten. Das menschliche Gehirn tut sich unwahrscheinlich schwer, daraus Schlüsse zu ziehen oder gar eine Entscheidung zu treffen. Der Neurowissenschaftler Hans-Georg Häusel weist in seinem Buch »Brainview – Warum Kunden kaufen«[5] darauf hin, dass alles, was keine emotionale Komponente hat, für unser Gehirn bedeutungslos ist.

So kommen Sie an Ihr WARUM

Jedes einzelne wichtige Ereignis in Ihrer Biografie ist mit einem starken Gefühl verbunden. Rufen Sie sich bedeutende Meilensteine ihrer beruflichen Laufbahn in Erinnerung. Sie offenbaren unmittelbar, was wirklich wesentlich war und ist. Deshalb liebe ich die Übung so sehr. Was wichtig ist, dafür setzt man sich ein. Dafür geht man die Extrameile. Eine berufliche Umorientierung – dazu zählt auch der Wandel zur gestaltenden Beraterin bzw. zum gestaltenden Berater – ist immer ein Kraftakt und kein Selbstläufer. Wenn Sie wissen, warum Sie den Wandel vollziehen wollen, ist die beste Voraussetzung dafür bereits geschaffen.

> »Zehn wichtigste Ereignissen« siehe Toolbox SEIN S. 63.
> Darauf aufbauend: »Fünfmal-Warum-Methode« siehe Toolbox SEIN S. 64. Hier hinterfragen Sie fünfmal Ihr erstes WARUM und kommen so an den Kern.

Ihren Motiven auf den Zahn fühlen, können Sie, indem Sie chronologisch die zehn wichtigsten Ereignisse auflisten, die dazu geführt haben, dass Sie heute tun, was Sie tun. In Ihrer eigenen Geschichte steckt das größte Potenzial, Menschen zu gewinnen und zu begeistern. Inspirierende Leader, die die Welt gestalten, und damit auch Sie, erzählen ihre eigene Geschichte. Das schafft Glaubwürdigkeit und Authentizität und damit Unverwechselbarkeit. Das Porträt, das von Ihnen entsteht, wenn Sie Ihre zehn wegweisenden Ereignisse notieren, wird einzigartig sein.

Auf einen Espresso: »Warum ich tue, was ich tue – meine zehn wichtigsten Ereignisse«

Januar 2002: Der Umzug aus dem Ausland ist vollbracht. Kinderbetreuung organisiert. Ich könnte beruflich wieder loslegen. In meinem alten Beruf im Bereich der Finanzrisikoanalyse sehe ich mich gar nicht mehr. Zum ersten Mal in meinem Leben frage ich mich, was ich wirklich gut kann und wie ich arbeiten möchte. Ich will meinen Kindern eine überzeugende Antwort geben, wenn sie fragen, warum sie in die Kita müssen, während die anderen Kinder bei ihren Müttern zu Hause sind. Ein Berufseignungstest bestätigt, dass ich starke kommunikative und kreative Fähigkeiten habe, und empfiehlt mir, einen Beruf in der Kommunikationsbranche zu suchen. Dadurch ermutigt bewerbe ich mich als Quereinsteigerin bei Agenturen.

November 2003: Ich analysiere die Wirtschaftlichkeit der Kunden-Accounts. Zur Überraschung aller sind die kleinen Unternehmen wirtschaftlicher als die großen, wenn man Kosten und Umsatz anteilig ins Verhältnis setzt. Ich sehe strategisch einen größeren Anteil in diesem Marktsegment – und bin alleine mit dieser Auffassung. Zum wiederholten Male fühle ich mich missverstanden.

März 2008: Joggingrunde mit der Nachbarin. Sie ist Marketingleiterin in einem IT-Konzern. Sie hätte mich gerne im Team. Ich kündige, ohne den neuen Job zu haben.

Mai 2008: Eine befreundete Grafikerin möchte, dass ich mit ihrem Auftraggeber eine Positionierung als Basis für ein neues Corporate Design erarbeite. Zum ersten Mal führe ich alleine durch den Prozess. Endlich wird alles genau so umgesetzt, wie wir es gemeinsam erarbeitet haben. Ich bin stolz. Ich weiß, nur noch so will ich arbeiten! Ich lasse mich nicht mehr anstellen.

Juli 2008: Ich mache eine fünfwöchige Reise mit meinen Kindern und Schwiegereltern durch deren Geburtsland, die Ukraine. Ich möchte den Kindern ihre Wurzeln zeigen. Wir erleben die Armut der einfachen Bevölkerung. Ich bin einerseits schockiert, mit wie wenig die Menschen auskommen, andererseits fasziniert, wie glücklich die Menschen in ihren Dorfgemeinschaften sind. Trotz des Wenigen oder gerade deshalb? Das Leben aus dem Koffer lehrt mich, wie viel einfacher es ist, wenn man sich auf das Wesentliche konzentriert. Das möchte ich in meine Arbeit integrieren.

September 2008: Mein Fokus ist Markenberatung für kleine Unternehmen mit dem Ziel, sich auf das Wesentliche und Wirksame zu konzentrieren. Es fehlt noch ein griffiger Name, der mich aus dem Meer der Berater und Beraterinnen abhebt und sympathisch klingt. Beim Radfahren kommt mir die Idee: Die Espressostrategie!

November 2008: Termin bei der Businessplan-Beraterin. Zum ersten Mal erzähle ich einer außenstehenden Person von meiner Idee. Ihr Feedback »Frau Martschenko, das wird einschlagen wie eine Bombe!« gibt mir Rückenwind.

Januar 2009: Die erste Netzwerkveranstaltung, der erste Auftrag. Ich starte durch.

Januar 2010: Immer wieder lese ich ein Zitat von Alfred Herrhausen: »Wir müssen das, was wir denken, auch sagen. Wir müssen das, was wir sagen, auch tun. Und wir müssen das, was wir tun, dann auch sein.« Es spricht mir zutiefst aus dem Herzen. Ich bin überzeugt, wenn wir das in der Markenarbeit leben, dann wird tiefes Vertrauen möglich. Tiefes Vertrauen von Beleg- und Kundschaft in eine Marke ist der Schlüssel zu langfristigem Erfolg. Die Verben denken, sagen, tun und sein formieren sich in meinem Kopf zu einem Modell. Aus denken wird haben. Das Vier-Ebenen-Modell mit SEIN – HABEN – SAGEN – TUN ist geboren.

Februar 2010: Ich stelle mein Modell bei einem Vortrag in einer Versicherung vor. Großer Applaus. Ich habe die Idee, eines Tages ein Buch daraus zu machen.

Ihre Repositionierung beginnt im Kopf

Sie haben in den vorangegangenen Ausführungen gemerkt, dass Sie bereits sehr viel mitbringen, um sich als gestaltende Beraterin bzw. als gestaltender Berater zu positionieren.

Es gibt allerdings vier Aspekte, die im Vergleich zu Ihrer bisherigen Arbeit anders sind. Hier ist ein Umdenken erforderlich, damit Sie nicht wieder im Design-Dilemma landen bzw. da herauskommen.

Verkaufen Sie einen Prozess, kein Produkt

Anders als beim Design gibt es bei der Beratung keine vorab definierten »Produkte« wie ein Logo oder einen Flyer. Es werden Ziele und Meilensteine definiert sowie Schlüsselfragestellungen festgelegt, die im Laufe der Beratung zwingend beantwortet werden sollen. Wenn Ihre Auftraggeberin oder Ihr Auftraggeber möchte, dass am Ende etwas Bestimmtes herauskommt, z. B. dass die Belegschaft versteht, dass ein Produkt eingestellt werden muss, lassen Sie die Finger davon. Sie sind dann der Überbringer bzw. die Überbringerin schlechter Nachrichten, nicht Beraterin bzw. Berater. Ein guter Beratungsprozess startet ergebnisoffen. Und ich meine wirklich ergebnisoffen. Das bedeutet, dass es bei der Beauftragung nicht um ein Logo, ein Web- oder ein Newsletterdesign geht, sondern darum, ein bestimmtes Ziel zu definieren. Bei einem Corporate-Design-Prozess könnte das Ziel lauten, eine einheitliche Wahrnehmung des Unternehmens durch die Zielgruppe an allen Touchpoints zu erreichen oder den Wiedererkennungswert der Marke zu steigern.

Sie merken: Diese zielorientierte Herangehensweise erfordert eine andere Form der Auftragsdefinition. Üblicherweise vereinbaren Sie, konkrete Ergebnisse zu festen Preisen zu einem bestimmten Zeitpunkt auszuliefern. Ziele lassen sich nicht so einfach bepreisen wie ein konkretes Produkt. Das wird leichter, wenn Sie Ihren gestaltenden Beratungsprozess in ein greifbares Angebot gießen. Wie Sie das machen, zeige ich im Kapitel HABEN. Auch, wie Sie Ihre Preise kalkulieren.

Das Gute ist: Wenn Sie keine Ergebnisse verkaufen, rückt der Prozess automatisch in den Vordergrund.

Wenn Sie den Beratungsprozess gut visualisieren, schaffen Sie mit Ihren Bildern Klarheit in den Köpfen Ihrer potenziellen Auftraggeberinnen und Auftraggeber. Stellen Sie anhand eines Flowcharts oder Prozessdiagramms unter Beweis, dass Sie komplexe Sachverhalte aufs Wesentliche reduzieren können. Nutzen Sie Case Studies, um Ihre Vorgehensweise zu untermauern.

So haben Sie beide etwas »Handfestes«. Sie machen Ihren Prozess greifbar und schaffen einen sichtbaren Mehrwert Ihrer Arbeit. Ihre Auftraggeber bzw. -geberinnen haben das Ziel vor Augen. Wenn Sie die Fähigkeit des Visualisierens nicht ohnehin schon mitbringen, buchen Sie einen Kurs. Reflektieren Sie, wie gut Sie Aussagen Ihrer Auftraggeberinnen und Auftraggeber kurz und knapp strukturieren und zusammenfassen können. Schulen Sie gegebenenfalls Ihre Fähigkeit, starke Worte zu finden, die wie Bilder in den Köpfen nachwirken.

Auf einen Espresso: »Die Kraft der Visualisierung«

Ich habe von Anfang an in den Meetings mit Auftraggeberinnen und Auftraggebern viel auf Flipcharts mitgeschrieben. Mein Schriftbild war lesbar, aber nicht besonders schön. Meine Prozessdiagramme waren nachvollziehbar, aber manchmal etwas ungeordnet. Am Ende der Beratungssitzungen machte ich Bilder von den Flipcharts und schickte sie meinen Auftraggeberinnen und Auftraggebern. Irgendwann fragte ich mich, was sie damit tun, und hakte nach. Die meisten speicherten sie in einem Ordner ab. Mehr nicht. Mir wurde klar, dass ich lernen musste, die Inhalte besser im Sinne von anschaulicher und ästhetischer zu visualisieren. Ich besuchte einen Workshop zum Thema »Visual Recording«. Seitdem gibt es zu Beginn jedes Beratungsprozesses eine Visualisierung des Markenprozesses mit seinen vier Ebenen, an dem sich die Auftraggeberinnen und Auftraggeber orientieren können und zu jedem Workshop passend konzipierte Flipcharts, auf denen die wichtigsten Ergebnisse festgehalten wurden.

Am Ende des ersten Workshops, bei dem ich meine neuen Fähigkeiten einsetzte, fragte meine Auftraggeberin direkt, ob sie die Flipcharts fotografieren dürfte, um den Termin nachzuarbeiten. Manche nehmen sogar die Flipcharts mit und hängen sie in ihrem Büro auf, um sich die Ergebnisse immer vor Augen zu halten.

Arbeiten Sie MIT, nicht FÜR Ihre Auftraggeberinnen und Auftraggeber

In Agenturen spricht man oft davon, dass man »auf dem Kunden« arbeitet, weil man seine Zeit, die man für Auftraggeberinnen und Auftraggeber arbeitet, auf ein Projektkonto bucht. Designerinnen und Designer stellen zu Beginn der Zusammenarbeit im Briefinggespräch viele Fragen. Dann ziehen sie sich an ihren Arbeitsplatz zurück und entwickeln alleine Ideen, die sie zu einem späteren Zeitpunkt präsentieren. Unvorstellbar, dass sie gemeinsam mit ihrer Auftraggeberin oder ihrem Auftraggeber am Rechner sitzen und ein Logo entwickeln.

Genau das aber passiert in der gestaltenden Beratung: Sie ist ein kontinuierlich dialogischer Prozess. Sie starten mit einem Fragebogen. Ab dann jedoch werden alle Ergebnisse gemeinsam mit der Auftraggeberin bzw. dem Auftraggeber erarbeitet. Die kreative Leistung bei diesem Prozess liegt idealerweise viel mehr bei den Auftraggebenden als bei der Beraterin und beim Berater. Es ist wichtig, die Betroffenen zu Beteiligten zu machen. Das stärkt die Akzeptanz der erarbeiteten Lösungen. Als Beraterin bzw. Berater ist es Ihre Aufgabe, den Prozess gut zu strukturieren und zu moderieren, mit guten Beispielen Anregungen zu geben, Holzwege abzuschneiden, Widersprüche aufzulösen, Fragen zu beantworten. Es handelt sich um typische gruppendynamische Prozesse, die Sie im Blick behalten müssen. Möglicherweise kommt Ihnen das erst einmal ungewohnt vor. Das aber ist genau der Reiz der neuen Rolle.

Im gestaltenden Beratungsprozess geht es nicht darum, mit eigenen Ideen zu überzeugen. Es geht auch nicht um Kosten-Effizienz-Beratung, für die Sie betriebswirtschaftliches Know-how benötigen. Vielmehr kommt es darauf an, die Kreativität und den Gestaltungswillen der Teilnehmenden im Beratungsworkshop zu aktivieren und in den zähen Phasen des kreativen Chaos empathisch zu beflügeln. Hier liegt Ihr großer Vorteil gegenüber den klassischen Beraterinnen und Beratern: Niemand weiß besser als Sie, welche Phasen ein Gestaltungsprozess durchlaufen sollte und wie sie sich anfühlen. Gleichzeitig sind Sie disziplinierter Hüter bzw. disziplinierte Hüterin der Zeit und achten als Prozesslotsin bzw. -lotse darauf, dass die Beratungstage nicht nur gut gefüllt, sondern auch »rund« sind.

Auf einen Espresso: »Präsenz ist wichtiger als Lösungen«

Ich wurde von einem Tech-Start-up beauftragt, die Marke zu schärfen. Die nächste Finanzierungsrunde stand an. Das Start-up wollte den Investoren möglichst schnell einen Prototyp präsentieren. Das Team hatte mehr Ideen für Features als verfügbare Ressourcen. Es sollten nur die programmiert werden, die besonders relevant für die idealen Nutzerinnen und Nutzer wären. Es fehlte ein eindeutiges Userprofil. Ziel des Beratungsauftrags war es, die Kernzielgruppen und deren Bedürfnisse herauszuarbeiten, ein marktgerechtes Kundenversprechen zu entwickeln und den Programmierern und Programmiererinnen einen klaren Fokus zu geben, woran sie als Nächstes arbeiten sollten. Die Herausforderung lag darin, dass Geschäftsführung, Marketingleitung und das Entwicklungsteam unterschiedliche Vorstellungen hatten, wie es weitergehen sollte. Man trat auf der Stelle. Der Ton innerhalb der Gruppe hatte sich verschärft. Ein konstruktives Miteinander sei kaum mehr möglich, warnte mich der Marketingleiter, der meine Beauftragung vorangetrieben hatte. Hier zumindest herrschte Einigkeit: Eine externe Expertin würde in dieser Situation helfen.

Gemeinsam arbeiteten wir die Kernwerte heraus, clusterten Zielgruppen, ordneten die nächsten Meilensteine orientiert an den Kundenbedürfnissen, sodass das Programmier- und das Marketingteam strukturiert weiterarbeiten konnten. Zwischenzeitlich kochten die Emotionen auch mal hoch. Der Geschäftsführer verließ den Workshop, weil er merkte, dass er dem Prozess im Wege stand. Eine erstaunliche Reaktion, aber genau das, was der Prozess brauchte, um voranzukommen. Die wichtigste Aufgabe für mich als Beraterin war in dieser Phase nicht, die Lösung zu kennen, sondern präsent, zugewandt und neutral zu bleiben. Aufmerksam zu erspüren, was das Team gerade braucht. Aufzuzeigen, wo der gemeinsame Nenner ist, wenn die Beteiligten den Wald vor lauter Bäumen nicht sehen. Von dort aus gemeinsam weiterarbeiten. Es gelang.

Sie tragen die Verantwortung für den Prozess, nicht für das Ergebnis

Typisches Szenario bei der finalen Logopräsentation: Drei Entwürfe liegen auf dem Tisch. Sie als Designerin bzw. Designer führen die Details aus. Ihr Gegenüber sagt, welche Elemente gefallen oder auch nicht. Macht Vorschläge, wie man die Elemente eventuell neu kombinieren könnte, damit es schöner aussähe.

Zum Schönmachen allein fühlen sich Designern und Designerinnen allerdings nicht berufen. Schließlich geht es bei Design um Bedeutung und Aussagekraft, nicht um Geschmack. Hinter jedem Entwurf steckt ein klares Konzept. Durch das Präsentieren der Alternativen landen Sie als Designerin bzw. Designer oft in der Rechtfertigungsfalle. Das lädt geradezu dazu ein, über Geschmacksfragen zu diskutieren. Da war es wieder, das Design-Dilemma: Sie fühlen sich in Ihrer Kompetenz nicht gesehen und beklagen vermutlich fehlende Wertschätzung.

Als Beraterin bzw. Berater werden Sie von außen in das Unternehmen genau für Ihren Rat, Ihre Expertise, Ihre Erfahrungen angefragt. Es ist wichtig, klar zum Ausdruck zu bringen, was Sie warum aus der Perspektive des Unternehmens für das Beste halten – auch wenn es das Gegenteil von dem sein sollte, was das Unternehmen wünscht. Als Beraterin bzw. Berater tragen Sie Verantwortung für den Prozess und dass die besten Antworten auf die gestellten Fragen gefunden und die Ziele auf dem bestmöglichen aller Wege erreicht werden. Stehen Sie für sich und Ihren Prozess ein.

Auf einen Espresso: »Never explain, never complain«

Das war einer der besten Ratschläge, die ich bekommen habe. Er geht zurück auf ein Zitat von Henry Ford. Er half mir in einer Situation, in der ich ein Team in eine bestimmte Richtung schieben wollte, weil ich überzeugt davon war, dass es genau das Richtige für sie sei. Dabei stieß ich auf Widerstände. Weil die Zeit drängte, versuchte ich das Team mehr zu überreden, als zu überzeugen. Ich verfiel in einen Rechtfertigungsmodus. Meine innere Kritikerin fing an, sich zu beschweren. Leider lässt sich jegliche innere Regung in meinem Gesicht ablesen. Ich verlor mit jeder Minute in dieser Haltung an Überzeugungskraft und damit die Bereitschaft des Teams, sich mit mir auf den Weg zu machen. Ich beschloss loszulassen und machte eine Intervention. Und siehe da, eine Wendung vollzog sich. Wenn ich mich heute dabei ertappe, dass mein Rechtfertigungsmodus anspringt, erinnere ich mich an Henry Ford. Ich trage die Verantwortung für den Prozess – das muss ich weder erklären noch brauche ich mich darüber beklagen, wenn es zäh wird.

Stellen Sie alles infrage, aber zweifeln Sie nicht

Ich erlebe immer wieder, dass Designerinnen und Designer unter großen Selbstzweifeln leiden. Sie arbeiten im Design-Entwicklungsprozess alleine vor sich hin und fragen sich bei näher rückendem Präsentationstermin: »Wird das Ergebnis gut genug sein? Werde ich gut genug sein?«

Mit Blick auf eine neue Ausrichtung als gestaltende Beraterin oder gestaltenden Berater höre ich oft: »Warum sollte ein Unternehmen plötzlich eine Designerin oder einen Designer mit einer strategischen Beratung beauftragen? Das bezahlt doch keiner!« Solche Glaubenssätze sind der sicherste Weg, sich jeden Enthusiasmus rauben. Es ist gut, dass Sie alles infrage stellen, auch sich selbst. Eine konsequente Reflexion des eigenen Tuns ist essenziell, um eine gute Beraterin bzw. ein guter Berater zu sein. Aber lassen Sie sich nicht von Selbstzweifeln ausbremsen.

Lassen Sie sich nicht entmutigen, sich als gestaltender Berater oder gestaltende Beraterin zu positionieren, nur weil Ihre bestehenden Auftraggeber und -geberinnen keine Beratung wollten. Oder sich bislang scheuten, dafür zu bezahlen.

Ihr neues Selbstverständnis vom gestaltenden Berater bzw. von der gestaltenden Beraterin geht mit einem neuen Selbstbewusstsein einher. Damit meine ich nicht breitschultriges lautes Auftreten und mit vielen Fachausdrücken um sich werfen. Ich meine damit, dass Sie sich Ihrer Stärken und Qualitäten bewusst werden, die Sie für diese neue Rolle brauchen und die Sie bereits haben. Zu Beginn eines Beratungsprozesses frage ich meine Auftraggeberinnen und Auftraggeber immer, welche Eigenschaften sie an sich am meisten schätzen. Viele Menschen tun sich schwer, diese Frage aus dem Stand zu beantworten. Erstens, weil sie noch nie wirklich darüber nachgedacht haben. Zweitens, weil man das in unserer Gesellschaft nicht macht. Eigenlob stinkt, lautet ein deutsches Sprichwort. Dabei ist es für uns und unsere Auftraggeber und Auftraggeberin in Change-Prozessen und bei der Arbeit an der Marke wichtig, sich unserer bzw. ihrer Stärken bewusst zu sein.

Manchmal sind es auch Dinge, die wir für selbstverständlich erachten, die andere besonders an uns schätzen. Haben Sie sich schon mal dabei ertappt, wie Sie auf ein Feedback hin sagten: »Ach, das ist doch selbstverständlich!« Sehr oft verstecken sich dahinter unsere größten Qualitäten. Das nächste Mal, wenn Sie zu einer solchen Aussage ansetzen, halten Sie ganz kurz inne und sagen dann: »Ja, das zeichnet mich aus.« Im ersten Moment wird es sich ungewohnt anfühlen und dann sehr gut.

Meine Beratungskollegin Susanne Westphal, eine der führenden Expertinnen für interne Kommunikation, erzählte mir: »Ich bin immer dann über mich hinausgewachsen, wenn mir andere etwas zugetraut haben, das ich mir selbst noch nicht zugetraut habe.«

Wir trauen uns neue Aufgaben zu, wenn andere uns vertrauen. Andere vertrauen uns stärker, wenn wir uns selbst mehr trauen. Diese Hermeneutik gilt es zu nutzen.

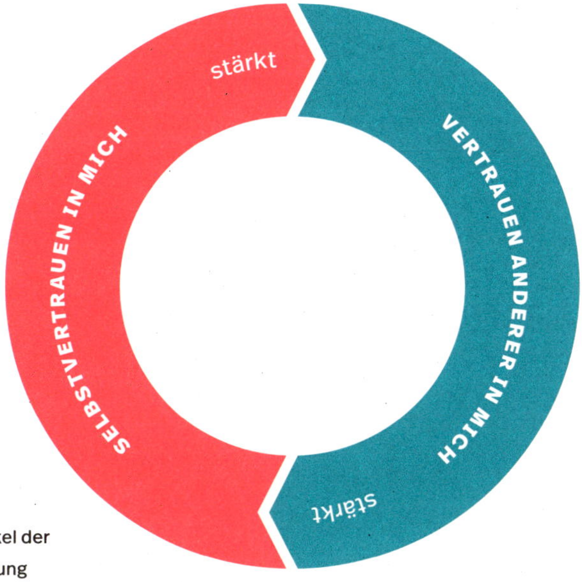

Hermeneutischer Zirkel der Selbstvertrauensbildung

Auf einen Espresso: »Feedback hilft mir, besser zu werden«

Im Rückblick auf die zehn wichtigsten Ereignisse meines Lebens waren es an den zentralen Wendepunkten meines Lebenslaufs stets andere Menschen, die etwas in mir gesehen haben, das ich selbst noch nicht gesehen hatte: Die Marketingleiterin, die mich in ihrem Team haben wollte, weil sie mich, meine Gedanken und Berichte von gemeinsamen Joggingrunden kannte. Die Grafikerin, die mich einlud, ihren Auftraggeber zu beraten, die Businessplan-Beraterin im Existenzgründungszentrum, die meiner Idee der Espressostrategie das Potenzial einer Bombe attestierte. Sie alle sollten recht behalten. Heute bin ich mutiger und gehe schneller mit einer Idee nach draußen und vertraue mein Vorhaben meiner Community an. Die positiven Reaktionen bestärken mich. Die kritischen Reaktionen helfen mir, stetig besser zu werden.

Stärken Sie das Vertrauen in sich, indem Sie sich Ihrer Stärken bewusst werden. Die drei Tools am Ende dieses Kapitels helfen Ihnen dabei:

> Love Shower
> Zehn wichtigste Ereignisse
> Ihr eigenes Warum

SEIN Zusammenfassung

Unternehmer und Unternehmerinnen treffen heute viel komplexere Entscheidungen als früher. Der Beratungsprozess bietet Gestaltungspotenzial, das weit über visuelle Kommunikation hinausgeht. Das ist Ihre Chance!

Designerinnen und Designer beherrschen es, bestehende Kontexte neu zu interpretieren und zu kombinieren und dadurch neue Bedeutungszusammenhänge zu schaffen. Die schnelle Auffassungsgabe und das starke Assoziationsvermögen prädestinieren Sie, Neues entstehen zu lassen. Gut so! Denn das ist eine der wichtigsten Qualitäten der gestaltenden Beraterinnen und Berater, um Unternehmen neue Wege und Perspektiven in der VUKA-Welt zu eröffnen.

Für die berufliche Umorientierung von der Designerin zur gestaltenden Beraterin bzw. vom Designer zum gestaltenden Berater müssen Sie sich Ihrer Stärken und Qualitäten für die neue Rolle bewusst werden. Der Beruf der Beraterin bzw. des Beraters erfordert kontinuierliches Reflektieren und Fortbilden, um zu den Besten Ihres Fachs zu gehören.

An manchen Stellen ist ein Umdenken notwendig: Sie verkaufen in der Beratung einen Prozess. Sie arbeiten zielorientiert. Die kreative Leistung beim Erarbeiten von Lösungen liegt bei den Auftraggeberinnen und Auftraggebern, nicht bei Ihnen. Als Beraterin bzw. Berater tragen Sie Verantwortung für den Prozess und dafür, dass das Team die besten Antworten auf die gestellten Fragen findet. Sie sind nicht verantwortlich für die Auslieferung vorab definierter Resultate. Sie sind »drin« und bleiben dennoch moderierend »außen vor«. Diese Gratwanderung macht Sie zur prozessführenden Kraft ohne Besserwisserei.

Beratung heißt, dass ein Mensch anderen Menschen mit seinem Wissen und seiner Erfahrung für einen bestimmten Zeitraum begleitend zur Seite steht. Als Designerin und Designer tun Sie genau das bereits seit vielen Jahren für Ihre Auftraggeberinnen und Auftraggeber.

TOOLBOX SEIN

- ANALYSE-FRAGEBOGEN
- LOVE SHOWER
- ZEHN WICHTIGSTE EREIGNISSE
- FÜNFMAL WARUM

Analysefragebogen – Wie Briefing, nur besser

› Anforderungen an die gestaltende Beratung S. 35

Wozu: Der Analysefragebogen hat eine ähnliche Funktion wie das Briefing zu Beginn des Designprozesses. Die Antworten geben Ihnen ein umfassendes Bild über das Unternehmen und die Herausforderungen, mit denen es sich konfrontiert sieht. Sie können Erwartungen managen. Aus der Art, wie einzelne Mitarbeiterinnen und Mitarbeiter die Antworten formulieren, können Sie einiges über deren Persönlichkeit herauslesen. Indem Sie die Fragen schriftlich beantworten lassen, lösen Sie bereits einen Denkprozess bei den einzelnen Menschen aus. Anders als in einem persönlichen Briefinggespräch erfahren Sie auf diese Weise nicht die erstbesten, sondern tiefergehende Gedanken.
Sie erhalten nicht nur die Perspektive Ihrer Auftraggeberin oder Ihres Auftraggebers, meist der Geschäftsführung, sondern von allen am Prozess Beteiligten. Sie hören zu, ohne gleich Lösungen finden zu wollen.

Anwendung: Der Fragebogen beginnt mit Fragen zum konkreten Beratungsanlass und geht dann im zweiten Teil über zu den strategischen Fragen. Sie versenden ihn per E-Mail an die Auftraggebenden und die Mitarbeiterinnen und Mitarbeiter, die am Workshop bzw. Beratungsprozess beteiligt sind. Geben Sie den Menschen mindestens eine Woche Zeit, die Fragen zu beantworten.

Hürde: Keine.

Und dann? Nutzen Sie die Antworten, um sich gezielt auf den Beratungsprozess vorzubereiten.

Mag-ich-Moment: Für die Menschen, die den Fragebogen ausfüllen: Sie fühlen sich gesehen und abgeholt.
Für Sie als gestaltende Beraterin bzw. als gestaltender Berater: Sie haben ein klares Bild, welche Erwartungen an Sie gestellt werden, wo das Unternehmen steht und hinmöchte, wer die Beteiligten sind, wo mit Widerständen zu rechnen ist.

› Mag-ich-Momente sind wichtig in Beratungsprozessen und Workshops. Bauen Sie gezielt solche positiven Erfahrungen ein. Das motiviert und bestärkt.[6]

Der Fragebogen

1. Ausgangssituation

- Was ist der Auslöser für Ihren Wunsch für die Beratung?
- Was ist Ihr Ziel für den Termin? Was möchten Sie damit erreichen, entwickeln oder verändern?
- Woran werden Sie erkennen, dass der Workshop für Sie erfolgreich bzw. nützlich war?
- Was darf bei unserer Zusammenarbeit auf keinen Fall außer Acht gelassen werden?
- Welche drei Artikel, Blogbeiträge, Webauftritte o. Ä. sollte ich gelesen bzw. angesehen haben, damit ich eine Vorstellung davon habe, was für Ihr Thema wichtig ist? (Bitte Links einfügen).

2. Fragen zu den Themen Marke, Unternehmen und Kundenperspektive

- Was macht ein erfolgreiches Produkt, einen erfolgreichen Service in Ihren Augen aus?
- Marke ist das, was Menschen über Sie sagen, wenn Sie den Raum verlassen. Was sollen andere über Ihr Unternehmen sagen?
- Der Mensch gibt einer Marke Charakter. Wie würden Sie Ihre Rolle im Team und innerhalb des Unternehmens beschreiben?
- Welches Thema, welche Entwicklung in Ihrem unmittelbaren beruflichen Umfeld finden Sie gerade sehr spannend, begeistert Sie sehr und warum?
- Welches Thema hingegen regt Sie auf, finden Sie schlimm, finden Sie unmöglich und warum?
- Wie sieht ein typischer Arbeitstag von Ihnen aus? Wie ein idealer?
- Warum gibt es Ihr Unternehmen?
- Wo sehen Sie die größte Herausforderung für Ihr Unternehmen?
- Wo sehen Sie die größte Chance für Ihr Unternehmen?
- Wo sehen Sie die größte Schwäche Ihres Unternehmens?
- Wo sehen Sie die größten Stärken Ihres Unternehmens?
- Wie würden Sie die ideale Kundin und den idealen Kunden, mit der/dem Sie richtig gut und gerne zusammenarbeiten, beschreiben?

- Was begeistert die Kundinnen und Kunden bei Ihrem Unternehmen?
- Was begeistert die Mitarbeiter und Mitarbeiterinnen an Ihrem Unternehmen?
- Was ist das schönste Kompliment, das Sie bisher von einer Kundin oder einem Kunden bekommen haben?
- Auf welchen Wegen kommen die Kundinnen und Kunden zu Ihnen? Was passiert bei ihnen, bevor sie Ihre Kundinnen und Kunden sind?
- Mit Fokus auf die idealen Kundinnen und Kunden: Was sind die größten Herausforderungen Ihrer Wunschkundinnen und Wunschkunden?
- Wie bleiben Sie mit Ihren Kundinnen und Kunden in Kontakt? Mit welchen Maßnahmen binden Sie Menschen an Ihr Unternehmen, die Ihrem Angebot bereits das Vertrauen geschenkt haben?
- Mit welchen Unternehmen stehen Sie im Wettbewerb? Wie unterscheiden Sie sich im positiven Sinne von diesen Unternehmen? Nennen Sie drei Unterschiede oder besondere Merkmale.
- Gibt es Unternehmen/Organisationen aus anderen Branchen, die Sie inspirieren? Warum?
- Wo steht Ihr Unternehmen in fünf Jahren?
- Welche Ziele haben Sie für das kommende Geschäftsjahr?

Love Shower – Baden Sie in Ihren Stärken und Qualitäten

› Sie können das! (Was ich nicht kann) S. 42

Wozu: Die eigenen Stärken und Beratungsqualitäten einzuschätzen, ist schwierig. Menschen, die bereits mit Ihnen zusammengearbeitet haben, können das viel besser. Hier setzt die folgende Aufgabe an. Eine Kundin von mir nannte sie »Love Shower«, weil sie so viele wertschätzende und bestärkende Rückmeldungen bekam.

Anwendung: Stellen Sie bisherigen Auftraggeber/inne/n, Geschäftspartner/inne/n und Netzwerkkolleg/inn/en dazu am besten per E-mail mit einer Frist folgende drei Fragen:

1. Was sind in Ihren Augen meine größten Stärken und Talente?
2. Was schätzen Sie besonders an mir?
3. Was ist typisch für mich?

Sie brauchen etwa sieben bis neun Feedbacks, damit sich ein schlüssiges Bild ergibt. Clustern Sie die Antworten, indem Sie ähnliche Antworten gruppieren. Ordnen Sie jeder Gruppe jeweils eine zentrale Eigenschaft als Überschrift zu. Das sind Ihre Kernwerte.

Hürde: Manche Menschen sind unsicher, welchen Aufhänger sie für eine solche E-Mail wählen sollen. Ich empfehle, ganz offen zu sein. Erklären Sie, dass Sie in einem Prozess sind, Ihr Business neu auszurichten, Ihr Angebot für Ihre Auftraggebenden noch besser bzw. passgenauer zu machen. Dafür brauchen Sie die Unterstützung von Menschen, deren Meinung Sie hoch einschätzen. Meine Auftraggeberinnen und -geber haben damit sehr gute Erfahrung gemacht. Anfängliche Skepsis ist bisher immer der Freude darüber gewichen, wenn sie erleben, wie dankbar ihre Feedbackgebenden sind, etwas zurückgeben zu können.

Und dann? Die Kernwerte Ihrer Positionierung brauchen Sie später wieder, wenn Sie auf der Ebene HABEN das kaufbare Angebot als gestaltende Beraterin bzw. gestaltender Berater entwickeln und auf der Ebene SAGEN für Ihr authentisches Kundenversprechen.

Mag-ich-Moment: Sie werden begeistert sein, zu lesen, was für ein wunderbarer, kluger Mensch Sie sind und was Ihnen alles zugetraut wird. Mit diesem Zutrauen wächst Ihr Selbstvertrauen und damit wieder das Vertrauen potenzieller Auftraggebender in Sie. Angenehmer Nebeneffekt: Sie haben bereits erste Testimonials für Ihr neues Geschäftsfeld.

Zehn wichtigste Ereignisse – Kehren Sie zurück zu den Wurzeln

> Mit dem eigenen WARUM Selbstbewusstsein tanken S. 44

Wozu: In Ihrer eigenen Geschichte, warum Sie tun, was Sie tun, steckt das größte Potenzial, Menschen für sich zu gewinnen und zu begeistern. Die eigene Geschichte ist echt, glaubwürdig, emotional und einzigartig. Alles, was eine gute Marke ausmacht. Mit dem Blick auf die zehn wichtigsten Ereignisse erkennen Sie Muster in Ihrem Leben und Sie bekommen ein Gefühl dafür, was Ihnen wirklich wichtig ist.

Anwendung: Die Idee mit den zehn wichtigsten Ereignissen geht zurück auf ein Langzeitprojekt des Künstlers Mats Staub[7]. Die Methode funktioniert wie folgt:

1. Bestimmen Sie die zehn wichtigsten Ereignisse Ihres Lebens, die dazu geführt haben, dass Sie als Designerin bzw. Designer arbeiten und sich zur gestaltenden Beraterin bzw. zum gestaltenden Berater entwickeln möchten.
2. Beschreiben Sie jedes Ereignis so kurz wie möglich. Formulieren Sie im Präsens und in der Ich-Form.
3. Ordnen Sie die Ereignisse chronologisch. Datieren Sie sie mit Monat und Jahr. Falls Sie den Monat nicht genau wissen, schätzen Sie ihn.
4. Halten Sie inne und lassen Sie die Liste auf sich wirken. Was fällt Ihnen auf?
5. Betrachten Sie jedes einzelne Ereignis und überlegen Sie, welche Ihrer Eigenschaften oder Stärken hier zum Tragen kamen. Das ist eine weitere Form der Selbstreflexion.
6. Was ist die Essenz Ihrer Biografie? Was ist Ihnen wirklich wichtig für Ihre künftige Arbeit? Woran wollen Sie mitwirken? Formulieren Sie es in einem Satz.

Hürde: Nicht immer lässt sich das, was Ihnen am Herzen liegt, unmittelbar aus den zehn Ereignissen herauslesen. Betrachten Sie die Liste mit etwas Abstand und schlafen Sie eine Nacht darüber.

Und dann? Um Ihrem wahren WARUM auf den Grund zu gehen, nehmen Sie nun Ihren Satz und hinterfragen Sie ihn mit der nachfolgenden »Fünfmal-Warum-Methode[8]«.

Mag-ich-Moment: Sie erkennen, dass Sie schon sehr viel in Ihrem Leben gemeistert haben und über einen großen Pool an Stärken verfügen, auf den Sie sich, wenn es darauf ankommt, immer verlassen können.

Fünfmal Warum – Erkennen Sie Ihr wahres WARUM

› Mit dem eigenen WARUM Selbstbewusstsein tanken S. 44

Wozu: Entwickelt hat die »5-Why-Methode« der Gründer von Toyota, Toyoda Sakichi, um Ursache-Wirkungs-Zusammenhänge für Defekte bei den Fahrzeugen zu erkennen. Sie lässt sich auf das Finden des eigenen WARUMs adaptieren.
Es ist die ultimative Antwort auf folgende Frage Ihrer potenziellen Auftraggeberinnen und -geber: »Warum sollte ich ausgerechnet eine Designerin als Beraterin bzw. einen Designer als Berater beauftragen?«

Anwendung: Sie starten mit der Essenz, die Sie aus Ihren zehn wichtigsten Ereignissen extrahiert haben und gehen Sie ihr durch stetiges Fragen nach dem WARUM nach.

Hürde: Wahrscheinlich brauchen Sie mehrere Anläufe, um Ihr wahres WARUM zu finden. Möglicherweise stellen Sie auch fest, dass Ihre Ausgangsthese nicht passend war, dann fangen Sie einfach wieder von vorne an. Vielleicht müssen Sie auch mehr als fünfmal WARUM fragen. Wichtig ist, dass Sie so lange nachhaken, bis Sie den wahren Grund kennen, warum Sie das tun, was Sie tun.

Und dann? Wenn ich mit meinen Auftraggeberinnen und Auftraggebern im Positionierungsprozess die WARUM-Übung mache, treten typischerweise zwei Phänomene auf. Entweder lesen sie sich ihr fünftes WARUM durch und denken: »Das ist jetzt aber nicht besonders originell.« Das ist völlig in Ordnung. An dieser Stelle ist es nicht entscheidend, ob Ihr WARUM einzigartig klingt. »Think different« ist als Aussage auch eher generisch. Erst im Kontext mit den Produkten und dem Auftreten von Steve Jobs verwob es sich zu einem verheißungsvollen Markenversprechen.
Oder sie lesen sich ihr fünftes WARUM durch und denken: »Das ist doch eine Utopie, weil es arg nach Weltverbesserung klingt.« Auch das ist in dieser Phase erlaubt. Schließlich treten wir mit unserem Beratungsangebot an, um die Welt unserer Auftraggeberinnen und -geber zu verbessern.
Zu einem späteren Zeitpunkt in diesem Buch, im Kapitel SAGEN, werden wir uns genauer mit den Themen USP und Kundenversprechen befassen. An dieser Stelle genügt es, wenn Sie sich Ihres WARUMs bewusst werden. Es muss nicht einzigartig klingen, um einzigartig zu sein.

Mag-ich-Moment: Der Moment, an dem Sie Ihr WARUM klar in Worte fassen können und damit Schubkraft für Ihre neue Positionierung bekommen.

Ein Beispiel, wie das aussehen kann

Im folgenden Beispiel will ich Ihnen zeigen, wie diese Aufgabe aussehen kann und wie Sie mit den Ergebnissen weiterarbeiten können.

> »5-W-Methode« siehe Toolbox SAGEN S. 139.

Grafikdesignerin Annika Lewin formulierte folgende fünf WARUMs im Rahmen Ihrer Neuausrichtung. Diese Version ist erst einmal nur für sie selbst und war die Arbeitsgrundlage für ihr ehrliches Kundenversprechen.

Essenz aus den zehn wichtigsten Ereignissen: Ich will meinen Kunden und Kundinnen helfen, mit einem durchdachten Konzept und der Liebe fürs Außergewöhnliche etwas zu schaffen, was lange in den Köpfen ihrer Kunden und Kundinnen bleibt.

1. Warum ist Ihnen das wichtig?
Wenn ich sehe, was für gute Ideen und Konzepte viele Unternehmer und Unternehmerinnen heute haben, es aber nicht schaffen, ihre Produkte oder Dienstleistungen authentisch und passend zur Zielgruppe öffentlich zu machen, dann juckt's mich in den Fingern. Viele trauen sich auch nicht, mal was anderes auszuprobieren, sondern laufen die gleichen Trampelpfade, wie alle anderen auch. Ich möchte gerne ein Bewusstsein bei meinen Kunden und Kundinnen wecken für durchdachte Werbung, denn so können sie Zeit, Geld, Aufwand sparen und Nerven schonen, da bei einer solchen Werbung die Resonanz höher ist. Es ist viel nachhaltiger, weil sie den Kunden und Kundinnen im Gedächtnis bleiben und am Ende weniger Ressourcen verschwenden, denn man muss nicht Tausende billige Flyer drucken und an alle Haushalte streuen, sondern kann sich ganz gezielt auf seine Zielgruppe konzentrieren und diese mit einem gut ausgearbeiteten Konzept ansprechen.

2. Warum möchten Sie dafür ein Bewusstsein bei Ihren Kunden und Kundinnen wecken?
Weil ich der Meinung bin, dass das der bessere Weg ist, um für sich und seine Dienstleistungen und Produkte Werbung zu machen oder um seine Zielgruppe auf sich aufmerksam zu machen und sie langfristig zu

überzeugen, sie zu begeistern. Nur so kann man ein stabiles Image aufbauen.

3. **Warum sind Sie der Meinung, dass das die bessere Variante ist?**
   Weil nur ein stabiles Image und überzeugende Werbung langfristig die eigenen Wunschkunden und -kundinnen anzieht. Menschen wollen eine Lösung für ihre Probleme, die Erfüllung für ihre Bedürfnisse. Das erreicht man nicht, indem man Werbung im Schweinebauchanzeigen-Stil um sich wirft und auf Masse statt Klasse setzt.

4. **Warum zieht nur ein stabiles Image Wunschkundinnen und Wunschkunden an?**
   Weil sie sich mit ihren Problemen und Bedürfnissen ernst genommen fühlen. Ein zielgruppengerechtes Image trifft den Nerv der potenziellen Kunden und Kundinnen und vermittelt ihnen, dass sie hier genau das finden, was sie suchen. Es bietet ihnen einen Mehrwert, eine Lösung, die Erfüllung ihrer Bedürfnisse. Es ist kein inhaltsloses Blabla. Keine Hülle ohne Füllung.

5. **Warum wollen Sie einen Mehrwert bieten?**
   Ich möchte einen Unterschied machen. Ich weiß, wie blöd ich schlecht gemachte Werbung oder ein nicht zu Ende gedachtes Konzept finde. Es nervt eher, als dass es anspricht. Ich möchte meinen Kundinnen und Kunden helfen, dass sie nicht die Trampelpfade nehmen, nur weil viele vor ihnen das getan haben. Ich will ihnen helfen, dass sie bei ihren Kunden und Kundinnen positiv im Gedächtnis bleiben, dass sie auf Qualität setzen und nicht auf Quantität, denn nur, wenn die Kundinnen und Kunden sich verstanden fühlen, kommen sie auch zurück oder empfehlen einen weiter.

Das war der Ausgangspunkt ihrer neuen Positionierung als Grafikdesignerin. Später hat sie diese fünf WARUMs in drei Magnetprodukte (Corporate Design, Printdesign, Verpackungsdesign) gegossen und ihr Kundenversprechen angepasst. Ihre Startseite[9] beginnt nun mit dem Satz: »Ich möchte einen Unterschied machen.«

HABEN

IHR KONKRETES ANGEBOT FÜR GESTALTENDE BERATUNG

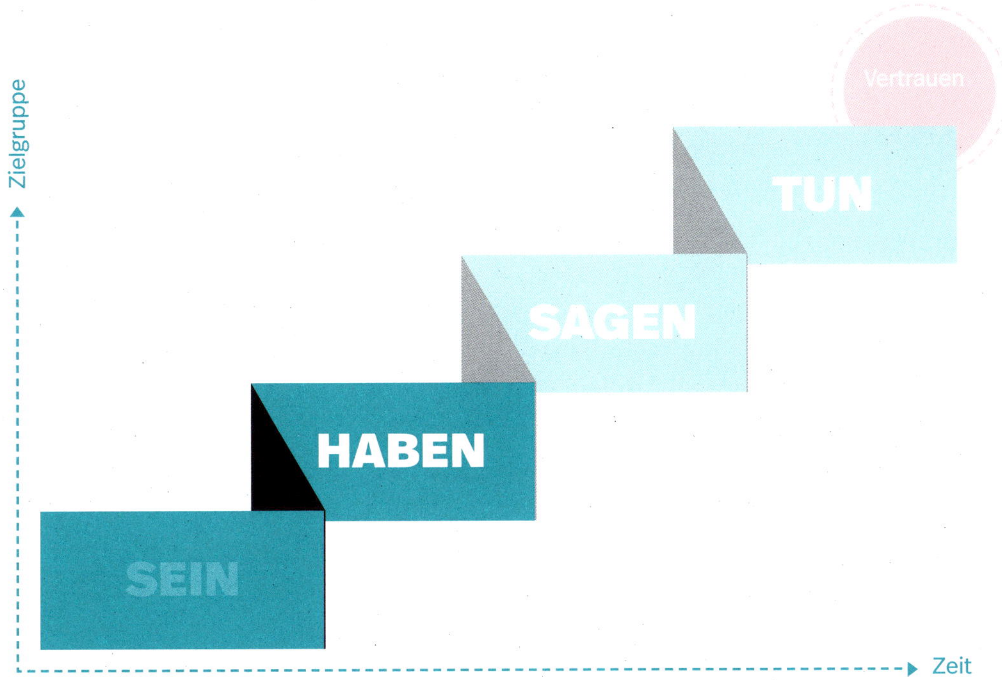

Worum geht's beim HABEN?

Beth Comstock rennt mit der ersten Hälfte ihres Zitats »Unternehmensstrategien brauchen jetzt Design« bei der Designwelt offene Türen ein. Allerdings haben sehr viele auch schon erlebt, dass die Unternehmen, die nur etwas »schön« gemacht haben wollen, eher nicht zu denen zählen, die eine Designerin oder einen Designer plötzlich mit gestaltender Beratung beauftragen. Sie werden in einem anderen Becken fischen müssen. Anhand der Design-Leiter finden Sie das für Sie passende Gestaltungsfeld, je nachdem wie ausgeprägt das Design-Bewusstsein auf Unternehmensseite ist.

> »Die Aufgabe von Design ist jetzt, die Unternehmensstrategie einzubeziehen.«

Als Konsequenz aus Beth Comstocks These, dass Unternehmensstrategien Design brauchen und dass Design die Unternehmensstrategie zu berücksichtigen habe, ergibt sich für Sie: Als gestaltende Beraterin oder als gestaltender Berater brauchen Sie ein exakt auf die Unternehmensziele zugeschnittenes Beratungsangebot. Dem Unternehmen hilft, sich in der VUKA-Welt kundenzentriert auszurichten – weg von der Oberflächengestaltung tief hinein in die Prozesse, wie Menschen miteinander arbeiten und kommunizieren. Was ist also zu tun?

Sie brauchen ein kaufbares Angebot, das Ihr WARUM und das, was Sie richtig gut und richtig gerne machen, mit dem WOZU, den Bedürfnissen und den Zielen des jeweiligen Unternehmens in Einklang bringt. Wenn das gelingt, werden Sie Ihre Wunschauftraggeberinnen und -auftraggeber anziehen wie ein Magnet. Deshalb nenne ich diese Form des Angebots Magnetprodukt.

Kaufbar wird dieses Magnetprodukt, wenn die potenziell Auftraggebenden anhand dieses Angebots genau nachvollziehen können, was sie davon haben, mit Ihnen als gestaltende Beraterin oder gestaltender Berater zu arbeiten, wie dieser Beratungsprozess abläuft und was sie investieren müssen. Wer Sie bucht, weiß, warum gerade Sie diesen Mehrwert glaubhaft liefern können.

Im Kapitel HABEN, der zweiten Ebene der Espressostrategie, führe ich Sie Schritt für Schritt durch den Drei-Phasen-Prozess, ein solches Magnetprodukt zu entwickeln. Angefangen bei der Definition Ihrer Zielgruppe, über die genaue Ausgestaltung des Beratungsprozesses bis zum Nutzen, den Sie damit bewirken. Am Ende haben Sie ein exakt auf die Unternehmensziele zugeschnittenes Beratungsangebot. Es wird transparent, nachvollziehbar und greifbar, worauf Ihr Angebot einzahlt, wie der Beratungsprozess abläuft und warum Sie, und zwar nur Sie, diesen möglich machen.

Zu guter Letzt kleben Sie ein Preisschild auf Ihr Produkt. Ich zeige Ihnen, wie Sie Ihr Honorar kalkulieren, sodass Sie sich nicht (mehr) unter Wert verkaufen.

Die drei Phasen der Magnetprodukt-Entwicklung

Phase 1: Welche Unternehmen brauchen gestaltende Beratung?

Zuerst definieren Sie Ihre idealen Auftraggeberinnen und -geber. Ideal sind Unternehmen, die bereits ein Bewusstsein dafür haben, dass ihre Prozesse und Lösungen Design brauchen und nicht nur schöne Benutzeroberflächen.

Doch woran erkennt man Unternehmen, die ein ausgeprägtes Verständnis von Design als unternehmenskritischen Erfolgsfaktor haben? Und wie können Sie daran beratend mitwirken?

Hier hilft die Design-Leiter des Dansk Design Centers. Sie gibt Anhaltspunkte über die verschiedenen Verständnisgrade von Unternehmen in Bezug auf Design. Abhängig von der Stufe, auf dem sich ein Unternehmen befindet, ergeben sich unterschiedliche Gestaltungsfelder für Sie, bis Design in den Unternehmen mehr als ein Gefühl, mehr als eine Abteilung, mehr als »einmal schnell« und mehr als ein Produkt ist. Für jedes Level existiert eine Bandbreite an Ausprägungen. Sicher gibt es auch Übergangsformen. Aber um sich selbst erst einmal auf dem Markt einzuordnen, ist es eine hilfreiche Übersicht.

Die Design-Leiter hat vier verschiedene Stufen:

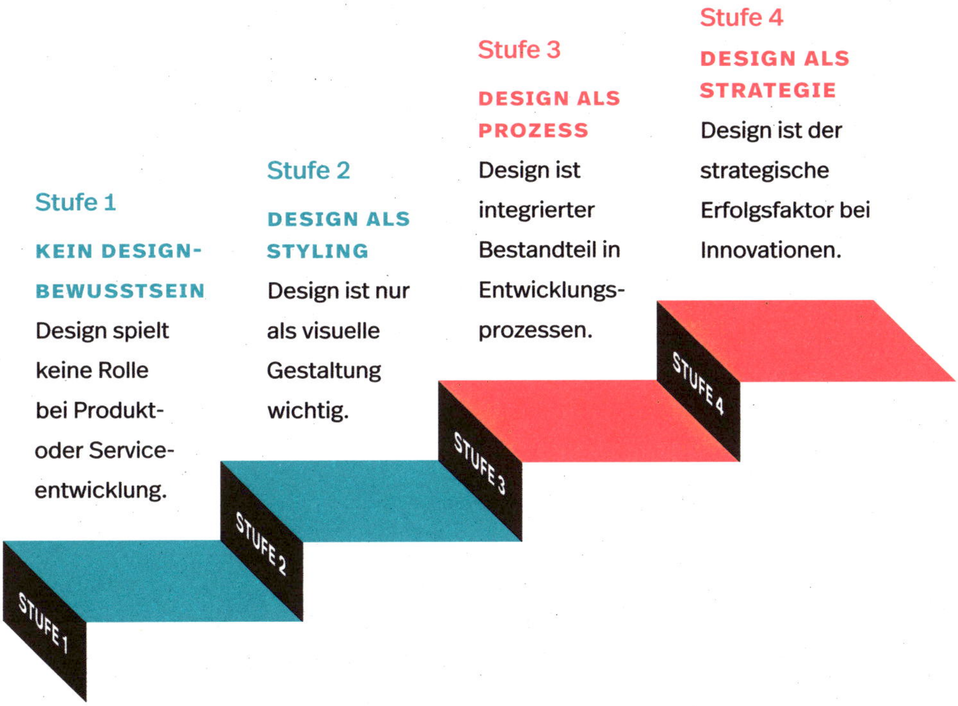

Design-Leiter (Quelle: Dansk Design Center[10])

Stufe 1: Kein Design

Hier sind Unternehmen anzusiedeln, für die Design im Sinne von unternehmensstrategischer Gestaltung wenig bis keine Rolle spielt. Weder in der Produktentwicklung noch im Erscheinungsbild. Es werden die Produkte und Lösungen verkauft, die sich die Chefin oder der Chef irgendwann einmal ausgedacht haben. Weiterentwicklungen orientieren sich eher an neuen technischen Möglichkeiten als den Bedürfnissen der Kundschaft. Man hört bei Traditionsunternehmen Sätze wie: »Das haben wir immer schon so gemacht.« oder »Wir sind die Spezialisten.« Kunden oder Kundinnen, die sich beschweren, sind eher lästig als wertvolle Feedbackgeberinnen und -geber. Man arbeitet ab und zu mit Mediengestalterinnen und Mediengestaltern, die den neusten Flyer für die Messe produzieren. Die letzte Aktualisierung auf der Webseite ist von 2017. Sie werden mit »Herzlich willkommen auf unserer Internetpräsenz« begrüßt.

Bei jungen Unternehmen dieser Kategorie hören Sie Aussagen wie: »Unsere Idee ist einfach genial, die Kundinnen und Kunden haben es nur noch nicht verstanden. Ist ja auch sehr komplex.« oder »Ich habe lange genug das gemacht, was andere gesagt haben. Ich mache jetzt mein Ding, genauso wie ich es mir denke.« Die Webseite ist ein typischer Webbaukasten gefüllt mit Allgemeinplätzen wie: »Wir sind ein junges Unternehmen« und »Qualität wird bei uns großgeschrieben«. Dort finden sich Links zu Facebook und Twitter. Der letzte Post auf Facebook ist ein Handyschnappschuss von der Eröffnungsparty vor einem Jahr. Das Headerfoto auf Twitter passt erkennbar nicht mehr in das aktuelle Format. Typische Haltung gegenüber Designerinnen und Designern: »Die wollen mir nur ein teures Logo verkaufen. Das hole ich mir lieber günstig im Internet.« Design ist etwas, für das man erst Geld ausgibt, wenn alle anderen Rechnungen bezahlt sind. Am ehesten für Last-Minute-Aktionen nach dem Motto »Wir bräuchten noch schnell … «.

Stufe 2: Design als Styling

Das sind Unternehmen, die bestimmt schon zu Ihrem Auftraggeberstamm gehören und mit denen Sie gut vertraut sind. Wenn

Sie die Geschäftsführerin oder den Geschäftsführer eines solchen Unternehmens fragen, welche Rolle Design spielt, antwortet sie oder er vermutlich stolz: »Design ist uns sehr wichtig. Schauen Sie z. B. diese schicken Visitenkarten mit dem coolen Logo an. Das hat unsere Grafikerin gemacht.« Immer mal wieder bekommen Sie Anrufe nach dem Motto »Könnten Sie auch noch mal schnell für unsere nächste Messe ..., für unsere Webseite ... unsere Präsentation ... Nichts Aufwendiges bitte, aber schön muss es sein.«

Neue Produkte oder Services entstehen, weil eine strategisch wichtige Kundin gesagt hat, sie hätte das gerne. Die Geschäftsführung sagt Sätze wie: »Die Konkurrenz schläft nicht, wir müssen da wirklich dranbleiben.« Die neuen Produkte versucht man dann mit viel Anstrengung auch bei anderen Kundinnen und Kunden zu platzieren. Schließlich rechnet sich die Investition nicht durch den einen Auftrag. Marketing und Vertrieb arbeiten immer mehr und reagieren zunehmend frustriert. Designerinnen und Designer sind höchstens beteiligt, wenn es darum geht, Broschüren und Webseiten zu aktualisieren.

Bei diesen Unternehmen verdienen die Software-Entwickler und -Entwicklerinnen deutlich mehr als die Grafikerinnen und Grafiker, weil sie schwerer zu finden sind. Ihre Ansprechpartner und Ansprechpartnerinnen im Unternehmen sind meist die Marketingassistenz und die Marketingleitung. Die Geschäftsführung haben Sie nach dem Kennenlerntermin nur noch einmal bei Vorstellung des neuen Logos gesehen. Dort meinte sie, es gefalle ihr schon ganz gut, und fragte, ob man es auch rund machen könnte. Dann würde es sich besser auf den Manschettenknöpfen machen, hätte die Ehefrau des Chefs gesagt.

Stufe 3: Design als Prozess

Diese Unternehmen erkennen Sie am durchgängigen Corporate Design. Die Mitarbeiterinnen und Mitarbeiter wissen, wo der Style Guide abgelegt ist, weil sie regelmäßig darauf zugreifen, wenn sie Präsentationen oder ein Event vorbereiten. Sie wissen zwar nicht, wie die Firmenschrift heißt, erkennen aber sehr genau, wenn sie nicht verwendet wird. Design ist für sie mehr als ein Gefühl. Sie wissen, dass es wirkt und wie wichtig es für das Image der Firma ist.

Kundenorientierung wird großgeschrieben. Sie arbeiten mit einem CRM-System, das nicht nur zur Akquise genutzt wird, sondern auch um wichtige Daten und Rückmeldungen der bestehenden Kundinnen und Kunden zu sammeln. Es gibt ein Critical-Incident-System, das bei besonderen Vorkommnissen auslöst. Accountmanager und -managerinnen reagieren dann sofort und haken nach.

Unternehmen auf der dritten Stufe arbeiten in der IT bereits agil. Lösungen werden aus der Nutzerperspektive entwickelt, getestet und implementiert. Es besteht ein Interesse, diese Arbeitsweise in andere Bereiche des Unternehmens zu übertragen.

Unternehmen dieses Levels sind typischerweise in einem sehr wettbewerbsstarken Feld unterwegs und haben verstanden, dass sie sich durch mehr Kundennähe und Innovationskraft auszeichnen müssen. Den Satz »So haben wir das immer schon gemacht« hören Sie hier nicht.

Wahrscheinlich hat bereits ein erster Design-Thinking-Workshop stattgefunden, angeleitet von einer Beraterin oder einem Berater, die oder den die Geschäftsführung bei einem Vortrag der lokalen IHK kennenlernte. Das war ein ganz kreativer Mensch, der meinte, so müsse man jetzt arbeiten. Spontan rief die Geschäftsleitung einen Kreativitätstag auf den Plan. Das hatte man eh schon länger vor. Ein bisschen frischer Wind und ein Strauß neuer Ideen tun der Firma gut. Im Workshop haben die Mitarbeiterinnen und Mitarbeiter jede Menge Post-its beschrieben und Ideen entwickelt. Es kam ein regelrechtes Start-up-Feeling auf. Nachdem der Tag vorbei und die Workshopleitung weg war, hingen die Post-its noch eine Weile an der Wand. Jedes Mal, wenn die Belegschaft vorbeiging, dachte sie »Man müsste mal … «. Die Firmenleitung meinte, das seien ganz tolle Ideen und sobald Zeit ist, fangen sie an sie umzusetzen. In solchen Unternehmen haben Entscheiderinnen und Entscheider dann ein erstes Problembewusstsein dafür entwickelt, dass dem Design Thinking ein Design Doing folgen sollte und dass ein Tag dafür nicht reicht. Sie wissen, das müsste mal konsequent zu Ende gedacht werden. Doch wann? Und von wem?

Stufe 4: Design als Strategie

Das sind Unternehmen, die McKinsey in seiner Studie als »ideal« beschrieben hat. Eine andere Bezeichnung, die man immer wieder im Englischen liest, ist »design driven«, zu deutsch designgetrieben. Alle Geschäftsprozesse werden aus der Anwendungsperspektive gestaltet. Unternehmen wie IKEA, Dyson und Airbnb gehören dazu.[11]

Alex Schleifer, der Vicepresident Design von Airbnb, formuliert es in einem Interview[12] so:

> »Design bei Airbnb ist insofern einzigartig, als wir neben der Entwicklung von Produkten auch die Gestaltung des Unternehmens unterstützen. Über das Designen von Benutzeroberflächen hinaus hilft Design Leadership dabei, Strategien zu entwickeln, wie wir Geschäftseinheiten, Strukturen und Teams gestalten.
>
> Der Mensch steht für uns bei jeder Herausforderung im Mittelpunkt, egal ob es ums Business geht oder um das Produkt, das wir entwickeln. Im Grunde genommen ist jedes Unternehmen ein Produkt, mit dem Menschen über Schnittstellen verbunden sind. Wir wenden in beiden Fällen denselben Gestaltungsprozess an, um die bestmögliche Benutzererfahrung zu erzielen, unabhängig davon, ob es sich beim Arbeitsergebnis um einen Organisationsplan oder eine Benutzeroberfläche handelt.«

Es können auch Start-ups sein, die von Anfang an nutzerzentriert unterwegs sind. Die ein begrenztes Budget haben, das sie fokussiert einsetzen müssen. Ihr Ziel ist, das neue Google, Facebook oder Airbnb in ihrem Bereich zu werden. Sie wissen, dass das nur geht, wenn die User Experience an den Touchpoints völlig markenkonform ist. (Am »Denglisch«, mit dem die Gründerinnen und Gründer über ihr Geschäftsmodell sprechen, erkennen Sie, dass sie sich schon tief in das Thema hineingedacht haben).

Wie finden Sie also Ihre idealen Auftraggeberinnen und Auftraggeber?

Ziel der gestaltenden Beratung sollte es sein, die Unternehmen auf der Design-Leiter von einem Level auf das jeweilige nächste Level zu heben. Je nach Level sieht das Beratungsmandat anders aus.

Mit zunehmender Ausprägung des Designverständnisses geht eine veränderte Unternehmenskultur einher. Während Sie in der unteren Hälfte der Design-Leiter punktuell dazu geholt werden, braucht es auf den oberen Stufen eine kontinuierlichere Begleitung. Ihre Fähigkeiten als gestaltende Beraterin und gestaltender Berater sollten jeweils das Klettern auf die nächste Stufe der Leiter ermöglichen.

Wo Sie am besten einsteigen und wer Ihr idealer Auftraggeber oder Ihre ideale Auftraggeberin ist, finden Sie heraus, indem Sie sich mit allem vertraut machen, was die Entscheiderinnen und Entscheider in Unternehmen beschäftigt. Sie müssen die Spielregeln der Zielgruppe kennen, die Strategien und die Hürden. Sie müssen die Sprache Ihrer Auftraggeberschaft sprechen und wissen, was sie denken und wie sie fühlen. Nun gibt es weder DIE Unternehmen noch DIE Strategie noch DIE Entscheiderinnen und Entscheider.

Um Ihren individuellen Ansatzpunkt herauszufinden, suchen Sie in einem ersten Schritt die Nähe der potenziellen Zielgruppe. Besuchen Sie Konferenzen, bei denen es um strategische Fragen der Digitalisierung, User Experience und New Work geht. Lesen Sie Wirtschaftsmagazine und den Wirtschaftsteil der Tageszeitung. Suchen Sie das direkte Gespräch mit Geschäftsführung, Marketingleitung, Unternehmerinnen und Unternehmern. Hören Sie genau zu. Beobachten Sie. Fragen Sie nach. Lernen Sie. Bei den Fragen können Sie sich am Profiling-Fragebogen orientieren.

> »Auftraggeberprofiling« siehe Toolbox HABEN S. 99.

Die Antworten variieren je nachdem, ob Sie die kleinen, feinen oder den soliden, großen Mittelstand ansprechen wollen. Verfügen Sie über spezielle Branchenerfahrung?

Haben Sie ein Faible für Hightechfirmen oder für die Pharmabranche? Wollen Sie junge Unternehmen ansprechen, bei denen noch vieles offen ist, oder Unternehmen, die möglicherweise schon viele Jahre oder Generationen auf dem Markt bestehen? Wo zieht es Sie hin?

Philipp Thesen, Professor im Studiengang Industrie-Design an der Hochschule Darmstadt und gestaltender Berater, hat beobachtet, dass Design da erfolgreich ist, wo Designerinnen und Designer auf Augenhöhe mit der Geschäftsführung arbeiten, insbesondere von inhabergeführten Unternehmen. »Wer über sein Eigentum entscheidet und niemandem Rechenschaft schuldig ist, trifft meist mutigere Entscheidungen.«[13] Es könnte sich lohnen, besonderes Augenmerk auf diese Art von Unternehmen zu lenken und nicht so sehr auf Konzerne

Es macht einen Unterschied, ob Sie als One-Man-Show oder One-Woman-Show unterwegs sein werden oder im Verbund mit anderen Beraterinnen und Beratern. Beide Wege haben Vor- und Nachteile: Ein Team kann durchaus sinnvoll sein, weil Sie Ihre Designkompetenzen mit denen von erfahrenen Strategieberatern und -beraterinnen verbinden können – ähnlich wie es die großen Beratungsunternehmen machen, indem Sie Designagenturen kaufen. Als Solopreneurin bzw. Solopreneur sind Sie autonomer und können Ihr Angebot ganz auf Ihre Fähigkeiten zuschneiden. Dafür sind Sie bei der Größe der Projekte eingeschränkt und müssen eventuell mehr Überzeugungsarbeit bei den Beratungskompetenzen leisten.

Wo sehen Sie ihr künftiges Wirkungsfeld? An der Lösung welcher Probleme wollen Sie mitwirken? Liegen Ihre Stärken im Projektmanagement oder in der Kreation? Wollen Sie eher die Geschäftsführung von Problem-Inhaberinnen und -Inhabern zu Lösungs-Designerinnen und -Designern machen oder ganze Teams befähigen, neue Ideen zu entwickeln? Neulich hörte ich von einem IT-Beratungsunternehmen, das Design-Thinking-Methoden anwandte, um Ansatzpunkte für mehr Frauen in Führungspositionen zu finden. Sie entscheiden, an welchen Lösungen Sie mitwirken wollen und können.

Profiling: Machen Sie sich ein Bild von den Menschen, mit denen Sie künftig arbeiten möchten.

Sie werden das Vertrauen Ihrer neuen Auftraggeber und Auftraggeberinnen gewinnen, wenn diese erleben, dass Sie verstehen, was die Entscheiderin bzw. der Entscheider denkt, fühlt und braucht, woran sie oder er arbeitet und wo ihr oder ihm der Schuh drückt. Worunter sie oder er besonders leidet, wo sie oder er gerne hinmöchte. Je konkreter Ihr Angebot die Bedürfnisse Ihrer potenziellen Auftraggeberschaft adressiert, und je stärker Sie es an deren

Unternehmensziele knüpfen können, desto eher wird sich diese von Ihrem Angebot angesprochen fühlen, desto größer ist die Offenheit für eine Zusammenarbeit und die Zahlungsbereitschaft.

Damit Sie also Ihr eigenes Angebot als gestaltende Beraterin bzw. als gestaltender Berater neu definieren können, wenden Sie sich Ihrer Zielgruppe zu und machen Sie sich anhand der Persona-Methode bzw. des Auftraggeber-Profilings ein klares Bild der idealen Auftraggeberinnen bzw. Auftraggeber, mit denen Sie gut und gerne arbeiten.

Ideal meint dabei mehr als »verhandelt nicht mein Honorar«, »zahlt pünktlich« und »bedankt sich am Ende«.

Drei Aspekte rücken in den Fokus:

1. Die entscheidende Person: Was für ein Mensch ist die Person? Welche Rolle nimmt sie bei der Beauftragung ein? Was sind ihre persönlichen Ziele und Herausforderungen?
2. Das Unternehmen: In welcher Branche ist das Unternehmen tätig? Ist es groß oder klein? Was sind die Ziele des Unternehmens?
3. Ihr Wirkungsfeld: Welche Rolle nehmen Sie bei der Lösung der Probleme ein? Wie unterstützen Sie die Zielerreichung des Unternehmens?

Im Profiling-Prozess machen Sie sich ein plastisches Bild von den Menschen, die Sie beauftragen sollen. Der »Nasenfaktor« geht in beide Richtungen. Wenn man sich nicht riechen kann, wird man auch miteinander keinen guten Job machen können. Sie haben aus Ihrer Erfahrung als Designerin und Designer ein gutes Gespür entwickelt, wie jemand »gestrickt« sein muss, mit dem Sie gut und gerne zusammenarbeiten. Orientieren Sie sich an diesen Charakteren.

Im Profilieren loten Sie aus, für welche Art von Unternehmen Sie gerne arbeiten möchten und auch zu welchen Fragestellungen noch Wissenslücken bestehen.

> »Profilig-Fragebogen« siehe Toolbox HABEN S. 101.

In der Toolbox des Kapitels HABEN finden Sie einen konkreten Fragebogen, den Sie dafür nutzen können, inklusive Tipps, auf was Sie beim Profiling achten müssen.

Phase 2: Ihre Rolle als gestaltende Beraterin bzw. gestaltender Berater

Sobald Sie ein klares Bild von den Problemen und Bedürfnissen der Menschen und Unternehmen haben, mit denen Sie richtig gut und richtig gerne arbeiten wollen, erfolgt der Abgleich Ihres WARUMs mit dem WOZU Ihrer idealen Auftraggeberin bzw. Ihres idealen Auftraggebers. Dazu nehmen Sie Ihre Sammlung an Stärken, Schlüsselerfahrungen und Kompetenzen von der Ebene SEIN und leiten daraus das Nutzenversprechen für Ihre ideale Auftraggeberin oder Ihren idealen Auftraggeber ab. Sie überprüfen, welche dieser Versprechungen am relevantesten sind, um die Wünsche der Unternehmen zu erfüllen. Es geht nicht darum, dass Sie die entscheidende Person um jeden Preis glücklich machen und Ihre eigenen Bedürfnisse hinten anstellen müssen. Im Gegenteil! Sie laufen dann zur Hochform auf, wenn Sie das, was Sie richtig gut können, auch richtig gerne machen. Den Spruch »Der Köder muss dem Fisch schmecken.« kennen Sie. Worauf es noch ankommt ist, dass der Fisch auch der Anglerin bzw. dem Angler »schmeckt«. So wird eine Win-win-Situation daraus.

Fragen Sie Ihre Ansprechpartnerinnen und Ansprechpartner, warum sie sich für eine bestimmte Beraterin oder einen bestimmten Berater entschieden haben, ist die Antwort immer ein Mix aus bestimmten Erfahrungen, besonderen Fachkompetenzen sowie Eigenschaften der Persönlichkeit, die ein Berater bzw. eine Beraterin mitgebracht hat. Niemals ist es allein die Tatsache, dass die Person bereits für ein bestimmtes Unternehmen gearbeitet hat. Referenzen werden meist erst herangezogen, wenn es darum geht, eine intuitive Entscheidung im Nachhinein zu bestätigen oder anderen gegenüber zu rechtfertigen.

Zuerst stehen folgende Fragen:

- Versteht er oder sie, was wir jetzt brauchen?
- Wenn ja, kann ich mit ihr oder ihm gut arbeiten?
- Wenn ja, wie läuft das Ganze ab?

Mögliche beratende Gestaltungsaufträge bzw. gestaltende Beratungsmandate passend zu den Stufen der Design-Leiter

Wenn Sie sich an dem Modell der Design-Leiter orientieren, ergeben sich für Sie unterschiedliche Beratungsmandate. Sie entwickeln sich von Stufe zu Stufe immer mehr von der beratenden Gestalterin zur gestaltenden Beraterin bzw. vom beratenden Gestalter zum gestaltenden Berater. Sie wachsen mit den Aufgaben in Abhängigkeit davon, auf welchem Level der Design-Leiter das beauftragende Unternehmen steht.

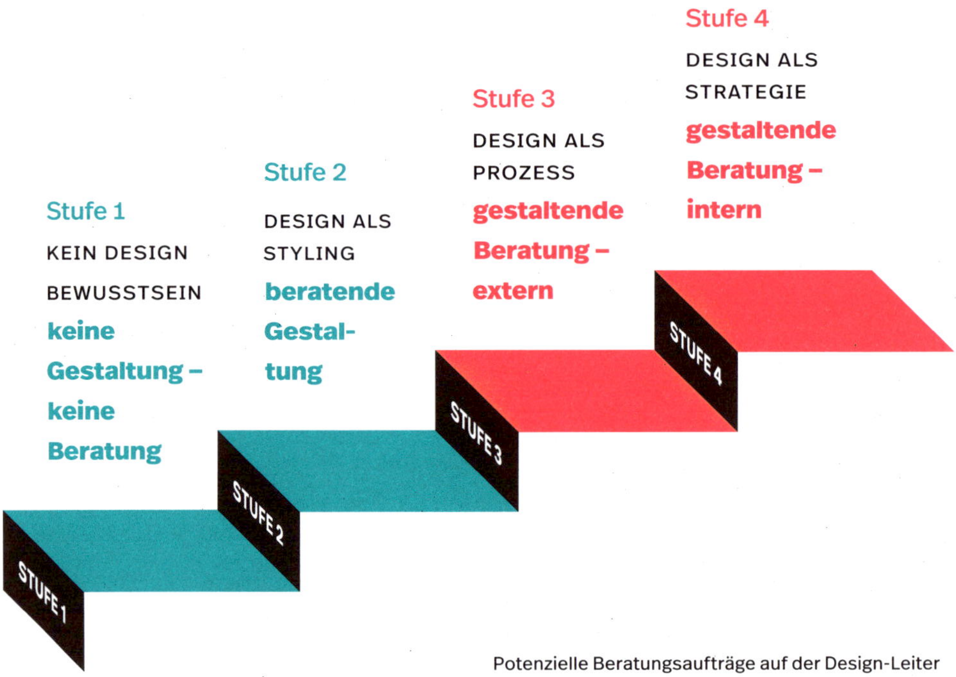

Potenzielle Beratungsaufträge auf der Design-Leiter

Was Sie für Unternehmen der Stufe 1 »Kein Design-Bewusstsein« tun können:

Sie brauchen kein Beratungsangebot für diese Unternehmen zu entwickeln. Unternehmen dieser Kategorie gehören zu einer aussterbenden Art. Entweder sie geben auf oder sie bewegen sich getrieben durch den Wettbewerb auf Stufe 2. Dort können Sie sie freundlich in Empfang nehmen.

Was Sie für Unternehmen der Stufe 2 »Design als Styling« tun können:

Bei dieser Gruppe von Unternehmen bestehen für Sie auf dem Weg zur beratenden Gestalterin bzw. zum beratenden Gestalter die größten Chancen. Ideale Auftraggebende auf dieser Stufe haben verstanden (oder zumindest eine Ahnung davon), dass das Potenzial von Design als Methode zur Problemlösung weit über kurzfristige Effekte hinausgeht und somit indirekt einen sehr hohen Beitrag zur Wertschöpfung leisten kann. Möglicherweise ist ihnen auch schon klar, dass sie sich von greifbaren Ergebnissen lösen müssen.

Um herauszufinden, wie ausgeprägt das Bewusstsein ist, haken Sie bei den »Wir brauchen schnell mal etwas Schönes für … «-Anfragen klar nach, in welchem Zusammenhang mit der Unternehmensstrategie die geplante Maßnahme steht. Hinterfragen Sie hartnäckig geplante Kommunikationsmaßnahmen aus Kundenperspektive. Finden Sie heraus, inwieweit veränderte Kundenbedürfnisse dezidiert erfasst wurden. Sprechen Sie an, welche Personen im Unternehmen an dem Entscheidungsprozess beteiligt waren. War es eine Top-Down-Entscheidung oder wurden Mitarbeiterinnen und Mitarbeiter aus dem Produktmanagement oder der Softwareentwicklung beteiligt?

Machen Sie deutlich, dass Sie Design und Geschäftsstrategie zusammen denken. Suchen Sie den direkten Kontakt zur Geschäftsführung. Stellen Sie ihr die gleichen Fragen noch einmal und sprechen Sie über die Chancen, die sich durch kundenzentrierte Markenerlebnisse und abteilungsübergreifendes Arbeiten ergeben. Bitten Sie darum, das nächste Mal früher einbezogen zu werden.

Ein passendes Beratungsprodukt für bestehende Auftraggeberinnen und Auftraggeber könnte ein Workshop sein, in dem der Prototyp eines Services entwickelt wird. Oder die neue Kampagne in einem Design-Thinking-Workshop mit Mitarbeiterinnen und Mitarbeitern aus verschiedenen Teams.

Um Unternehmen auf dem Weg von Stufe 2 zu Stufe 3 beratend zu begleiten, eignen sich Workshops, in denen das WARUM oder die Value Proposition des Unternehmens herausgearbeitet wird.

Gut möglich, dass die Geschäftsführung Sie vertröstet: »Schöne Idee! Nächstes Mal melden wir uns früher bei Ihnen.« Erinnern Sie

sie bei Gelegenheit wieder daran, z. B. indem Sie einen Link auf einen Use Case senden, in dessen Verlauf Sie bei einer sehr ähnlichen Ausgangssituation für eine andere Auftraggeberin oder einen anderen Auftraggeber beratend zur Seite standen. Oder auf einen Artikel, in dem Sie den Corporate-Design-Prozess in seinen einzelnen Schritten aufzeigen. Wie Sie vorgegangen sind, welche Überlegungen eingeflossen sind, die visuelle Lösung zu erarbeiten. Stellen Sie Ihre strategisch-analytischen Kompetenzen in dem Kontext dar und zeigen Sie nicht nur das Endergebnis.

Bei Unternehmen, mit denen Sie bislang noch nicht gearbeitet haben, sollten Sie »Wir bräuchten schnell etwas Schönes«-Anfragen entschieden ablehnen und nicht mehr ohne Beratungshonorar als Gestalterin bzw. Gestalter arbeiten. Bei Anfragen zu einem neuen Corporate Design schreiben Sie selbstverständlich ein Angebot inklusive eines Positionierungsworkshops, in dem Sie gemeinsam und gegen Honorar herausarbeiten, wer was wem wie und wozu anbietet. Lassen Sie neue Auftraggebende erleben, dass sie deutlich erfolgreicher sein werden, wenn Design und Unternehmensstrategie eng verknüpft sind.

Was Sie für Unternehmen der Stufe 3 »Design als Prozess« tun können:

Auf dieser Stufe steht die Gestaltung von Services, Prozessen und Teamkonstellationen klar im Fokus. Auf diesem Level ist ein Angebot wichtig, das vom Design Thinking zum Design Doing führt. Das hat mit visueller Gestaltung nur noch wenig zu tun.

Ein gestaltendes Beratungsangebot setzt bei der Unternehmensstrategie an:

- Welchen Nutzen kann das Unternehmen seiner Kundschaft beim Kauf eines Produktes oder Services ehrlich versprechen?
- Welches konkrete Ziel verfolgt das Unternehmen mit dem neuen Produkt oder Service?
- Was sind die wichtigsten Erfolgskennzahlen und wie werden diese gemessen?
- Was will das Unternehmen tun, um den versprochenen Mehrwert zu liefern?

> Welche Ressourcen, Zulieferer, Informationsquellen sind dafür nötig?
> Welche Kostentreiber existieren im Prozess?
> Welche unternehmerischen Risiken gehen damit einher?

Typische Angebote von gestaltenden Beraterinnen und Beratern auf diesem Level sind Workshops zur Persona-Methode, Customer-Journey-Workshops, Prototyping-Werkstätten für neue Services oder Produkte. Sie arbeiten mit crossfunktionalen Teams. Ihre Rolle in diesem Prozess ist eine moderierende. Sie geben Struktur. Im Vordergrund steht, gemeinsam Antworten auf die Fragen zu finden und auf die gesetzten Ziele hinzuarbeiten.

Was Sie für Unternehmen der Stufe 4 »Design als Strategie« tun können:

Diese Unternehmen haben verstanden, wie groß die strategische Bedeutung von Design ist. Diese Unternehmen haben bereits Design-Know-how in ihren eigenen Reihen. Designerinnen und Designer werden nicht von außen als Beraterinnen und Berater hinzu geholt, sondern sind Angestellte in kollaborativ arbeitenden Teams. Ein solches Unternehmen wird Ihnen eher einen Arbeitsvertrag als einen Beratungsvertrag anbieten.

Wo stufen Sie sich mit Ihren Fähigkeiten auf der Design-Leiter ein?

Jetzt ist ein guter Moment innezuhalten und zu reflektieren, wo Sie sich einstufen. In welcher Rolle sehen Sie sich am ehesten und wohin möchten Sie sich entwickeln? Wie deckt sich das mit Ihren bisherigen beruflichen Erfahrungen, Ihrer Ausbildung, Ihren Stärken und Ihrer Persönlichkeit?

> »Zehn wichtigste Ereignisse« siehe Toolbox SEIN S. 63.

Mit Blick auf die Liste der zehn wichtigsten Ereignisse: Welche beruflichen Schlüsselerfahrungen sind zentral für Ihre Rolle der gestaltenden Beraterin bzw. des gestaltenden Beraters?

> »Love Shower« Toolbox SEIN S. 62.

Mit Blick auf die Antworten aus der »Love Shower«: Welche fachlichen Kompetenzen und welche persönlichen Stärken und Eigenschaften werden von anderen speziell geschätzt? Was macht Sie besonders stolz? Was davon erfüllt Sie mit besonderer Freude?

Die Herangehensweise, sich selbst in den Fokus zu stellen, mag erst einmal ungewohnt sein. Gerade bei Designerinnen und Designern erlebe ich besonders stark: Sie sind so darauf gedrillt, sich in der Arbeit für ihre Auftraggeber und Auftraggeberinnen selbst zurückzunehmen, dass es ihnen schwerfällt, ihre Qualitäten und ihren Anteil am Ergebnis herauszustellen.

Genau das aber wollen Ihre potenziellen Auftraggebenden von Ihnen wissen: Was haben sie davon, mit Ihnen zu arbeiten? Warum können Sie das, was von Ihnen erwartet wird?

Sie werden sehen: Wenn Sie Ihre Stärken anhand der »Magnetprodukt-Arena« direkt mit dem konkreten Mehrwert für Ihre Auftraggeberinnen und Auftraggeber verknüpfen können, wird es Ihnen leichter fallen, über Ihre Stärken zu sprechen.

> »Magnetprodukt-Arena« Toolbox HABEN S. 103.

Ihr neues Wirkungsfeld in der gestaltenden Beratung

Beratung ist ein Prozess, an dessen Ende eine konkrete Wirkung steht. Sie werden vorab keine spezifischen Ergebnisse versprechen können. Es gibt kein Logo, keinen Messestand, nichts, was man online stellen oder drucken kann. Stattdessen gibt es ein kraftvolles WARUM, das auf bestimmte messbare Unternehmensziele einzahlt.

Nachdem Sie die Liste mit Ihren Stärken, Erfahrungen und Kompetenzen erstellt haben, überlegen Sie sich, wie genau diese Ihren potenziellen Auftraggeberinnen und Auftraggebern Nutzen bringen.

Was bewirken Sie dadurch, dass Sie beispielsweise sehr strukturiert denken und neue Sachverhalte schnell in einen neuen Zusammenhang stellen können? Welche Chancen eröffnen sich für beauftragende Unternehmen dadurch, dass Sie bereits über viele Jahre Corporate-Design-Erfahrung verfügen? Was haben Ihre Auftraggebenden davon, dass Sie geübt darin sind, kreative Prozesse zu steuern? Stichwort: Design Doing.

In dieser Phase geht es darum, dass Sie ein Gefühl dafür entwickeln, welchen konkreten Mehrwert Sie mit Ihren Fertigkeiten und Fähigkeiten für Ihre idealen Auftraggeberinnen und -geber schaffen. Blicken Sie aus deren Perspektive auf Ihre Stärken, Kompetenzen und Erfahrungen mit den daraus resultierenden

Nutzenversprechen: Welche davon passen besonders gut zu den unerfüllten Bedürfnissen Ihres Gegenübers? Sobald sich die Elemente Ihres WARUMs mit dem WOZU Ihrer idealen Auftraggebenden zu einer schlüssigen Einheit verbinden, haben Sie die wichtigste Vorarbeit für ein lukratives Beratungsmandat geschaffen.

Das ist der Moment, in dem Sie Ihre Leistung mit den Unternehmenszielen verknüpfen (»making design about business«). Genau diese Kompetenzen und Nutzen gießen Sie ins Zentrum Ihrer Magnetprodukt-Arena und bekommen eine konkrete Idee für Ihr Magnetprodukt in der gestaltenden Beratung.

> »Magnetprodukt-Arena« Toolbox HABEN S. 103.

Phase 3: Der Prototyp Ihres neuen Beratungsangebots

Jetzt beginnt die Produktentwicklung. Mit Ihrem künftigen Angebot als gestaltende Beraterin bzw. gestaltender Berater bauen Sie die Brücke zwischen dem, was Sie bewirken möchten und dem, was Unternehmen brauchen. Das Angebot ist im Idealfall der Punkt, an dem Ihre Leidenschaft auf das Kernbedürfnis Ihrer Auftraggeberinnen und Auftraggeber trifft. Es ist der solide Anker, nach dem sich Führungskräfte in der VUKA-Welt sehnen.

In dieser Phase ist es nicht wichtig, ein in Stein gemeißeltes Angebot zu haben. Es genügt, einen Prototyp des gestaltenden Beratungsprozesses zu bauen, den Sie auf dem Markt testen können. Sie wollen ja nicht von heute auf morgen Ihren Beruf als Designerin bzw. Designer an den Nagel hängen, sondern erst einmal ausloten, ob der Beratungsberuf etwas für Sie ist.

Mit Ihrem Prototyp können Sie schnell herauszufinden, ob und wie konsistent und glaubhaft Sie verkörpern, was für Unternehmen möglich wird mit dem, was Sie können und wer Sie sind. Durch die Gespräche bekommen Sie zudem unmittelbar Rückmeldungen, wie Sie Ihr Angebot noch verbessern können und wo mögliche Bedenken liegen.

Wenn Sie den »proof of concept« haben, können Sie das Angebot verfeinern und mit der Zeit um weitere Magnetprodukte ausbauen.

> »Brainwriting« siehe Toolbox HABEN S. 105.

In der Toolbox finden Sie dazu die Methode »Brainwriting«. Sammeln Sie Ideen, wie Ihr Beratungsangebot passend zur Ihrer Einstufung aussehen könnte.

Schnell ist wichtiger als perfekt

Die Gefahr, sich in dieser Phase zu verkünsteln, ist groß und hält unnötig auf. Eric Ries, der Autor von »Lean Startup« sagt: »Don't be in rush to become big, be in a rush to have a great product.«[14] Zu deutsch: »Haben Sie es nicht eilig, groß zu werden, bieten Sie möglichst schnell ein großartiges Produkt an.« Je schneller Sie mit Ihrem Prototyp an die Zielgruppe herantreten, desto eher werden Sie merken, was noch nicht stimmig ist, und desto schneller können Sie Ihr Angebot verbessern.

Sie werden einen Prototyp zügiger testen können, wenn Sie mit einem kleinen Projekt starten. Beginnen Sie nicht mit einer Idee, die ein ganzes Unternehmen umkrempeln soll, einem allumfassenden ganzheitlichen Changeprozess, bei dem kein Stein auf dem anderen bleibt. Das überfordert Sie und Ihre potenziellen Auftraggebenden.

Sie sollten bei Ihrem allerersten Angebot als gestaltende Beraterin bzw. gestaltender Berater nicht versuchen, die ganze Welt zu retten, indem Sie DAS ultimative Angebot entwickeln, um Unternehmen von Stufe 3 auf Stufe 4 auf der Design-Leiter zu katapultieren. Das wird nicht passieren, denn diese Phase ist bei Unternehmen mit einem erheblichen kulturellen Wandel verbunden. Bauen Sie lieber ein Magnetprodukt, anhand dessen Sie sehr schnell erkennen, wie ausgeprägt das Bewusstsein der entscheidenden Personen in den Unternehmen für das Thema Design als Denk- und Handlungsmethode ist.

Beispiel für eine Magnetprodukt-Arena: Die Espressostrategie

Möglicherweise ist das beschriebene Vorgehen mit der Magnetprodukt-Arena noch etwas abstrakt. Deshalb veranschauliche ich Ihnen das Konzept der Arena anhand des Beispiels der Espressostrategie, die Ihnen durch das Buch bereits vertraut ist.

Die Magnetprodukt-Arena dient mir als Basis für den Angebotstext auf meiner Webseite. Anhand des systematischen Aufbaus können die Entscheiderinnen und Entscheider dort Erzähltes gut nachvollziehen und leicht weitere Personen in den Prozess einbeziehen. In Akquisegesprächen nutze ich die Matrix, um

Kernproblem 1

Ich kann nicht gut auf den Punkt bringen, wofür ich stehe und was mich von anderen unterscheidet.

Kernproblem 2

Ich drehe mich jetzt seit geraumer Zeit im Kreis. Ich komme alleine nicht weiter.

Kernproblem 3

Ich habe nur ein begrenztes Budget an Zeit und Geld, um mich um mein Marketing zu kümmern.

Kernbedürfnis 1

Ich möchte gerne in einem Satz sagen können, was ich mache.

Kernbedürfnis 2

Ich brauche jemanden, der mir hilft, meine Gedanken zu sortieren und auf den Punkt zu bringen.

Kernbedürfnis 3

Das Ganze soll mit meinen finanziellen und zeitlichen Ressourcen machbar sein.

Magnetprodukt Espressostrategie

Beratungsprozess, um eine stimmige und ansprechende Marke wie einen Espresso zu entwickeln – klein, stark und auf das Wesentliche und Wirksame reduziert.
Modulare Vorgehensweise nach Vier-Ebenen-Modell (SEIN, HABEN, SAGEN, TUN)
Preis: Flatrate = ein Preis, egal wie lang der Prozess vom Sein zum Tun dauert.

Kernnutzen 1

Meine Kunden können in Worte fassen, weshalb sie was für wen warum wie tun.

Kernnutzen 2

Sie haben Klarheit über alle Entscheidungen, die ihre strategische Ausrichtung betreffen.

Kernnutzen 3

Sie konzentrieren sich im Geschäftsalltag auf das Wesentliche und Wirksame – ohne Verzetteln.

Kernkompetenz 1

Ich bin als BWLerin sehr gut darin, komplexe Sachverhalte auf das Wesentliche zu reduzieren.

Kernkompetenz 2

Mit dem von mir entwickelten Vier-Ebenen-Modell habe ich einen ganzheitlichen Blick auf Ihr Business.

Kernkompetenz 3

Ich kenne aus zehn Jahren Beratung die individuellen Nöte und Rahmenbedingungen speziell von Solopreneuren und kleinen Unternehmen.

gezielt Kernprobleme und -bedürfnisse zu erfragen und darauf zugeschnitten mein Angebot zu unterbreiten. Die Struktur hilft Ihnen, die Führung zu übernehmen und Vertrauen zu wecken.

Wenn Sie sich auf den Weg von der Designerin zur gestaltenden Beraterin oder vom Designer zum gestaltenden Berater machen, kann es sinnvoll sein, nicht sofort mit einem umfassenden Beratungsangebot zu starten, sondern mit einem Einstiegsprodukt zu beginnen. Auf diese Weise können Sie Unternehmen filtern, erste Referenzen sammeln und Glaubwürdigkeit in der neuen Disziplin gewinnen. Wachsen Sie mit Ihren Auftraggeberinnen und Auftraggebern: Während diese lernen, dass ihre Unternehmensstrategie Design braucht, lernen Sie, Ihr Angebot mit der Unternehmensstrategie zu verknüpfen.

> Nutzen Sie dafür die »Magnetprodukt-Arena« in der Toolbox HABEN S. 103.

Jetzt sind Sie dran: Wie sieht die erste Version Ihres Beratungsangebots aus?

Das Preisschild auf Ihrem Magnetprodukt

Ihr neues Magnetprodukt braucht nun ein Preisschild. Das setzt eine transparente und kaufmännisch solide Kalkulation voraus. Ihre potenziellen Auftraggeberinnen und Auftraggeber wollen wissen, wie viel sie für was investieren müssen. Sie selbst müssen davon als Unternehmerin oder Unternehmer leben können. Auch das bedeutet, »Design mit der Unternehmensstrategie zu verknüpfen«.

Die Kalkulation eines Beratungsprozesses ist etwas völlig anderes als die bisherige Preisfindung für ein Logo oder ein Webdesign oder einen Flyer. Bislang haben Sie greifbare oder zumindest sichtbare Ergebnisse verkauft. Nun verkaufen Sie einen Prozess, der darauf ausgelegt ist, bestimmte Ziele des Unternehmens zu erreichen. Sie erzeugen eine messbare Wirkung. Wie beziffert man das?

Wenn Sie zu billig anbieten, wird Ihnen Wertschätzung fehlen. Außerdem wird Ihnen die Zeit fehlen, mit anderen Projekten genug für Ihren Lebensunterhalt zu verdienen. Wenn Sie zu teuer sind, sortieren potenzielle Auftraggeberinnen und Auftraggeber Sie möglicherweise aus. Das Gute ist: Was Ihr Mindesthonorar ist, lässt sich eindeutig berechnen. Wann eine Beratungsleistung zu teuer ist, hängt von vielen subjektiven Faktoren ab.

Bevor Sie Preise für Ihr Magnetprodukt festlegen, gilt es, Ihren individuellen Stundensatz zu berechnen. Er bildet die Basis für Ihren Tagessatz und somit für Ihr Beratungsangebot. Sie kennen das möglicherweise bereits von der Stundenkalkulation Ihrer Designleistungen. Da das Honorar ein wichtiger Indikator der Wertschätzung ist, will ich hier noch einmal die sechs Faktoren der kaufmännisch soliden Kalkulation erläutern, die für jede Beraterin und jeden Berater anders sind. Aber Achtung, nicht alles ist messbar. Im Wort Wertschätzung steckt es bereits drin: Die Werte sind geschätzt. Im Beratungsmarkt gibt es auch noch ein paar Sonderformen der Abrechnung, die ich Ihnen vorstelle.

Die sechs Faktoren zur Bestimmung Ihres individuellen Beratungshonorars

1. Die Anzahl der Stunden, die Sie für Auftraggebende arbeiten können:

Dazu brauchen Sie die Anzahl der Arbeitstage, die Sie im Jahr arbeiten können. Das sind in Deutschland etwa 230 Tage abhängig vom Bundesland und den entsprechenden Feiertagen. Kalkulieren Sie Werktage abzüglich der Urlaubstage, durchschnittlichen Krankheitstage und Weiterbildungstage. Bei Urlaub empfehle ich, einen typischen Angestellten in Ihrer Branche als Referenzgröße zu nehmen, nicht sich selbst. Viele Selbstständige gönnen sich weder ausreichend Urlaubstage noch erlauben sie sich, krank zu sein. Lügen Sie sich hier nicht in die eigene Tasche. Laut Design Tagebuch[15] nehmen angestellte Designerinnen und Designer durchschnittlich 24,8 Urlaubstage im Jahr. Etwa 60 % der Deutschen sind laut IWD[16] zwischen einem und sieben Tagen pro Jahr krank. Nehmen wir an, Sie kalkulieren 24 Tage Urlaub, vier Krankheitstage pro Jahr und zwei Weiterbildungstage z. B. den Besuch einer Konferenz ein, stehen Ihnen 200 Arbeitstage à acht Stunden zur Verfügung. Macht 1.600 Stunden insgesamt, wenn Sie Vollzeit arbeiten. Als Vollzeit gilt hier ein Acht-Stunden-Arbeitstag. Sollten Sie längere Arbeitstage planen, passen Sie die Kalkulation entsprechend an.

Als Selbstständige bzw. Selbstständiger arbeiten Sie nicht nur für Ihre Auftraggeberinnen und Auftraggeber, sondern auch an

Ihrem eigenen Unternehmen. Sie machen Buchhaltung, Akquise, telefonieren, Sie bilden sich weiter, lesen. Sich eine neue Positionierung zu erarbeiten braucht Zeit. Sie müssen eine Marktrecherche machen, den Prototyp entwickeln, testen und anpassen. Im nächsten Kapitel werden Sie sehen, welche Kommunikationsaufgaben auf Sie zukommen, um sich erfolgreich als gestaltende Beraterin und als gestaltender Berater zu etablieren. Nach meiner Erfahrung können Sie an maximal drei von fünf Werktagen bezahlte Aufträge abarbeiten. Zwei von fünf benötigen Sie, um an Ihrem Unternehmen zu arbeiten. Wenn Sie vorsichtig kalkulieren, können Sie nur die Hälfte der 1.600 Stunden, also 800, in Beratungsprojekten verplanen. So kommen Sie auf etwa 100 Beratungstage pro Jahr, wenn Sie voll gebucht sind.

2. Ihre Lebenshaltungskosten = Nettoerlös:

Jetzt rechnen Sie Ihre gesamten Lebenshaltungskosten inklusive Altersvorsorge und Absicherung im Krankheitsfall zusammen. Das ist der Nettoerlös, den Sie aus Ihrem Unternehmen ziehen müssen, der Gewinn nach Steuern. Über Einkommensteuerrechner im Internet können Sie ausrechnen, wie hoch Ihr Gewinn sein muss, den Ihr Business mindestens abwerfen sollte. Ihre Lebenshaltungskosten hängen natürlich sehr stark davon ab, in welcher Stadt Sie leben, ob Sie eine Familie zu versorgen haben und wie Ihr individuelles Konsumverhalten ist. Für die Beispielrechnung hier lege ich die durchschnittlichen Lebenshaltungskosten eines Haushalts[17] in Deutschland pro Monat zugrunde. Die Zahlen gelten für den Durchschnitt der Haushalte – vom Single bis zur Großfamilie. Das sind 2.481 € im Monat, aufs Jahr gerechnet knapp 30.000 €, die Sie mit Ihrem Business jedes Jahr netto, also nach Abzug der Steuern, erwirtschaften müssen. Vor Steuern sind das für die Steuerklasse 1 (alleinstehend ohne Kinder) knapp 40.000 €.

3. Ihre Betriebskosten:

Um herauszufinden, wie hoch Ihr Umsatz mindestens sein muss, um einen Gewinn von 40.000 € zu erzielen, addieren Sie Ihre Betriebskosten. Diese stellt Ihnen Ihre Steuerberaterin oder Ihr Steuerberater zur Verfügung, wenn Sie sie nicht ohnehin kennen. Ein

Kostensatz von einem Drittel des Umsatzes ist im Beratungsgeschäft für Büromiete, Bürokommunikation, Marketing, Weiterbildung u. Ä. laut meiner Steuerberaterin normal. So kommen Sie auf einen Mindestumsatz von 60.000 € pro Jahr, wenn Sie alleinstehend ohne Kinder sind und durchschnittlich 2.481 € Lebenshaltungskosten haben. Ihr Mindesttagessatz als Beraterin bzw. Berater beträgt bei 100 Beratungstagen pro Jahr also 600 €, Ihr Mindeststundensatz 75 € netto. Sollten Sie 4.000 € für Ihren Lebensunterhalt pro Monat benötigen, bräuchten Sie nach dieser Rechnung 106.060 € Mindestumsatz. Ihr minimaler Tagessatz steigt dann auf 1.060 € netto, Ihr Stundensatz auf 132 € zuzüglich Mehrwertsteuer.

Das waren die objektiv messbaren Werte. Sie kennen nun Ihr Mindesthonorar, das Sie sich selbst wert sein müssen, um Ihr Leben und Ihre Arbeit zu finanzieren. Die Frage ist jetzt: Sind Sie das Ihren potenziellen Auftraggebenden wert? Oder verkaufen Sie sich womöglich noch zu billig? Wie viel Luft ist noch nach oben? Schließlich wollen Sie sich nicht unter Wert verkaufen.

Hier spielen folgende drei Aspekte eine Rolle, die sich leider nicht nach einer Formel berechnen lassen.

4. Der Marktwert:

Einen Richtwert für Beratungshonorare gibt es nicht. Wovon Sie ausgehen können ist, dass der Tagessatz mit dem Grad der Spezialisierung, der Komplexität und strategischen Bedeutung des Beratungsprojekts steigt und mit der Anzahl der Beratungstage sinkt. Je länger ein Projekt dauert, desto niedriger wird der Tagessatz. Das ist auch völlig in Ordnung, da Sie bei wenigen Projekten mit vielen Beratungstagen weniger neue Aufträge an Land ziehen müssen als bei vielen kleinen Projekten. Auftraggebende gehen wohl davon aus, dass der Akquiseaufwand für drei große Beratungsprojekte kleiner ist als der von 30 kleinen. Das ist so nicht unbedingt richtig, aber es ist ein typisches Phänomen am Markt. Laut Wirtschaftswoche[18] lag die Spannbreite der Tagessätze für Strategieberatung 2017 über alle Größenklassen hinweg zwischen 825 € und 1.975 €. Laut BDU[19] lagen die Tagessätze von kleinen Beratungsunternehmen im Jahr 2016 zwischen 875 und 1.600 €.

Man kann davon ausgehen, dass die Honorare seitdem leicht gestiegen sind.

Es macht auch einen Unterschied, ob Sie ein großes Unternehmen beraten und über die Einkaufsabteilung mit exakt kalkulierten Budgets gehen müssen, oder ob Sie für ein inhabergeführtes mittelständisches Unternehmen arbeiten, wo relativ frei entschieden wird, wie viel investiert werden soll. Tendenziell stelle ich bei inhabergeführten Unternehmen fest: Je kleiner das Unternehmen, desto genauer kalkulieren die Inhaberinnen und Inhaber. Was ich auch beobachte: Je preissensibler der Markt meiner Auftraggeber und Auftraggeberinnen ist, desto genauer achten sie selbst auf den Preis. Im Premiumsegment können Sie deutlich höhere Honorare verlangen als bei einem Unternehmen, das wenig Marge bei seinen Produkten hat.

Auch hier zeigt sich wieder, wie wichtig es ist, sich ein exaktes Bild seiner potenziellen Auftraggebenden zu machen. Nicht nur, was das Bewusstsein vom Faktor Design angeht, sondern auch von deren gesamten Geschäftsmodell. Größer heißt nicht unbedingt besser.

Ein weiterer Marktfaktor ist, wie viele Beraterinnen und Berater es mit einem ähnlichen Angebot auf dem Markt gibt. Sie kennen das von Ihrem Beruf als Designerin bzw. Designer. Die gibt es wie Sand am Meer. Es lassen sich sehr leicht mehrere ähnliche Angebote einholen. Entscheidungsträgerinnen und -träger reagieren schnell empfindlich auf Ausreißer nach oben. Dann fühlen sie sich über den Tisch gezogen. Bei einem übersättigten Markt nehmen sie sich eher selten die Zeit, nachzufragen, warum das Angebot deutlich über dem von anderen liegt.

5. Ihr Mehrwert:

Sie sehen, Marktvergleiche bringen Sie nur bedingt weiter, was Ihr tatsächliches Honorar angeht. Was Sie wissen: Mit einem Tagessatz von 1.000 € netto liegen Sie im unteren Drittel der Strategieberater und -beraterinnen. Es spricht viel dafür, dass da noch Luft nach oben ist. Doch wie viel?

Sie können beinahe jedes Honorar verlangen, wenn Ihre Auftraggebenden den Eindruck haben, dass Sie die einzige Beraterin bzw. der einzige Berater auf dem Markt sind, die bzw. der ihnen bei der Lösung ihres ganz spezifischen Problems helfen kann. Sie werden dem Unternehmen umso mehr wert sein, wenn Sie transparent und greifbar machen, was Sie mit Ihrem Angebot für einen konkreten Mehrwert stiften.

Hier hilft Ihnen die Magnetprodukt-Arena, da sie klar und nachvollziehbar aufzeigt, was Sie warum wie für Ihre Auftraggebenden tun, welchen Mehrwert sie aus dem Beratungsangebot ziehen. Besonders glaubwürdig ist es, hier eine Referenz von einem anderen Unternehmen einfließen zu lassen. Diese können Sie sich freigeben lassen, wenn Sie von Testerinnen und Testern Ihres Prototyps Feedback einholen.

Da Ihr Magnetprodukt durch seinen Zuschnitt ganz spezifische unerfüllte Bedürfnisse Ihrer Auftraggebenden völlig logisch mit Ihren individuellen Stärken, Fähigkeiten und Erfahrung verknüpft, ist es einzigartig. Ein Vergleich mit anderen Angeboten auf dem Markt wird für Ihre potenzielle Zielgruppe schwierig bis unmöglich.

Sicher wird auch eine noch so überzeugte Auftraggeberin oder ein noch so überzeugter Auftraggeber eine Schmerzgrenze haben, was die Investition in den Beratungsprozess angeht. Solange Sie sich mit Ihrem Honorar im marktüblichen Segment einordnen und mit Ihrem Mehrwert überzeugen, werden Sie nicht zu hören bekommen, dass Sie zu teuer seien.

6. Ihr Selbstwert:

Dieser Wert ist nach meiner Erfahrung der entscheidende: Je selbstbewusster und klarer Sie auftreten und je überzeugter Sie selbst von Ihrem Angebot sind, desto höher wird Ihr Honorar ausfallen. Erinnern Sie sich an den hermeneutischen Zirkel der Vertrauensbildung? Andere vertrauen uns stärker, wenn wir uns selbst mehr trauen. Ihr Angebot kann noch so einzigartig konzipiert sein – wenn Sie das nicht verkörpern, wird es schwierig. Nach meiner Erfahrung hilft auch hier die Vorgehensweise des Magnetprodukts. Denn in Ihrer Arena bringen Sie genau das ein, was Sie richtig gut und richtig gerne machen. Sie tragen mit Ihrem Angebot direkt zum Erfolg des Unternehmens bei. Kurz: Es ist stimmig und sinnvoll – für Sie und für Ihre Auftraggebenden.

Je öfter Sie das im Gespräch mit anderen hören und erleben, desto stärker werden Sie diese Haltung verinnerlichen, desto selbstbewusster werden Sie auftreten und hinter Ihren Preisen stehen.

Wie und worüber Sie wo am besten sprechen, damit beschäftigen wir uns im nächsten Kapitel SAGEN.

Wie Sie Ihr Beratungsangebot kalkulieren

Anhand Ihrer Magnetprodukt-Arena können Sie und potenzielle Auftraggebende sehr genau nachvollziehen, warum wann wie welche Schritte nötig sind. Auch der Mehrwert des Angebots ist klar. Sie wissen, wie viel Zeit Sie wahrscheinlich investieren müssen. Sie können Ihr Angebot sauber kalkulieren.

Bieten Sie einen festen Preis unabhängig von der Größe des Unternehmens an und bleiben Sie dabei. Es wird immer jemanden geben, der teurer ist, und jemanden, der billiger anbietet. Wichtig ist, dass Sie hinter Ihrem Honorar stehen und es selbstbewusst vertreten können.

Schwierig sind klassische Zeit-gegen-Geld-Angebote, wenn nicht von vornherein absehbar ist, wie hoch die Kosten am Ende für das Unternehmen sein werden. Unternehmen sind nicht mehr bereit, sich auf solche Modelle einzulassen. Etappen-Angebote mit vorab festgelegten Meilensteinen können eine Alternative sein. Das schafft Kostentransparenz und Ergebnisorientierung.

Wenn Sie sich mutig von mitbewerbenden Beraterinnen und Beratern differenzieren wollen, bieten Sie ein erfolgsbasiertes Honorar an. Sie definieren vorab mit Ihrer Auftraggeberin oder Ihrem Auftraggeber bestimmte Ziele, die im Zuge der Beratung erreicht werden. Am Ende des Beratungsprojekts gleichen Sie diese Ziele ab. Je nach Zielerreichungsgrad ist Ihr Honorar gestaffelt. Wichtig ist, dass Sie klar messbare und erreichbare Ziele definieren. Eine solche Zufriedenheitsgarantie motiviert die mit der Beauftragung verantwortlichen Personen zusätzlich, sich auf neue Wege, Methoden und Dienstleister einzulassen. Probieren Sie es bei einem Ihrer nächsten Anfragen aus und schauen Sie, was passiert. Erlauben Sie sich zu experimentieren.

Typische Stolpersteine bei Kalkulation und Preisverhandlungen

Wenn Sie Ihr Angebot kalkulieren, berücksichtigen Sie nicht nur die Zeit, die Sie mit Ihren Auftraggeberinnen und Auftraggebern verbringen, sondern auch die Vor- und Nachbereitungszeit. Gründliche Vorarbeit und eine gute Dokumentation der Ergebnisse schaffen Mehrwert und brauchen Zeit. Kalkulieren Sie das selbstbewusst mit ein.

Es macht einen Unterschied, ob Sie mit einem Geschäftsführungstandem arbeiten oder mit einem Team von acht Leuten. Das gilt sowohl für die Vorbereitung als auch für die Durchführung von Workshops. Rechnen Sie damit, dass sich die Zeit, die Sie benötigen, um Ergebnisse zu erarbeiten, bei einer doppelt so großen Gruppe verdoppelt. Wenn jede bzw. jeder zu Wort kommen soll und Kernaussagen im Team verhandelt werden sollen, braucht es Zeit.

Kurzfristig anberaumte Termine, die Nacht- oder Wochenendschichten auf Ihrer Seite erfordern, sollten Sie mit einem höheren Stundensatz kalkulieren. Als Designerin bzw. Designer ist Ihnen eine solche Arbeitsweise möglicherweise vertraut: Am Donnerstagnachmittag erhalten Sie den Auftrag, bis Montag »schnell mal ein paar kreative Ideen vorzulegen«. Haben Sie für die Überstunden jemals einen Zuschlag verlangt? Wenn Sie in einer Druckerei den Overnight-Express buchen, zahlen Sie auch schnell mal das Doppelte. Verkaufen Sie sich nicht unter Wert – erst recht nicht, wenn davon Zeit mit der Familie, mit Freunden oder Ihr Nachtschlaf betroffen sind.

Reisekosten sollten Sie immer separat anbieten. Das gilt auch für Reisezeit. Ein zweitägiger Workshop kann in Summe schnell fünf Arbeitstage in Ihrem Kalender belegen.

Sprechen Sie in Akquisegesprächen möglichst spät über Geld. Idealerweise erst, wenn Sie sich bereits über den genauen Bedarf, die Beratungsziele und den Prozess geeinigt haben. Am besten fassen Sie vor den Kosten sogar schon erste Termine ins Auge. Dann wissen Sie, dass sich Ihre potenzielle Auftraggeberin bzw. Ihr potenzieller Auftraggeber eine Zusammenarbeit mit Ihnen sehr gut vorstellen können. Das ist ein deutliches Signal, dass Sie den Mehrwert Ihrer Arbeit gut vermittelt haben.

Bieten Sie niemals in vorauseilendem Gehorsam einen Rabatt an, weil Sie befürchten, den Auftrag dann nicht zu bekommen. Nennen Sie Ihren Preis. Stehen Sie zu Ihrem Preis. Wenn Ihre Verhandlungspartnerin bzw. Ihr Verhandlungspartner nicht bereit ist, Ihr Honorar zu bezahlen, nehmen Sie aus dem Beratungspaket etwas heraus. Weisen Sie in dem Fall jedoch daraufhin, dass sich dann auch der Mehrwert ändert.

HABEN Zusammenfassung

Den Designprozess mit der Unternehmensstrategie zu verbinden, bedeutet, dass Ihre potenziellen Auftraggeberinnen und Auftraggeber nachvollziehen können, warum wann welche Schritte nötig sind. Der Mehrwert des Angebots ist klar. Sie wissen, wie viel Zeit Sie investieren müssen. Sie können Ihr Angebot sauber kalkulieren, sodass Sie als Unternehmerin bzw. Unternehmer davon leben können. Die Magnetprodukt-Arena zielt genau darauf ab, Ihre Leistung mit den Unternehmenszielen Ihrer idealen Auftraggeberschaft zu verknüpfen.

Ideal sind Unternehmen, die bereits ein Bewusstsein dafür haben, dass alle ihre Prozesse und Lösungen Design brauchen und nicht nur Produkte und Benutzeroberflächen.

Die Design-Leiter gibt Ihnen Anhaltspunkte über die verschiedenen Verständnisgrade von Unternehmen in Bezug auf Design, um sich auf dem Markt einzuordnen.

Gute Chancen für beratende Gestalterinnen und Gestalter bestehen bei Unternehmen auf Stufe 2 »Design als Styling«. Sie haben verstanden oder zumindest eine Ahnung davon, dass das Potenzial von Design als Methode zur Problemlösung weit über kurzfristige Effekte hinausgeht und somit indirekt einen sehr hohen Beitrag zur Wertschöpfung leisten kann.

Ihr wichtigstes To-do in der Geschäftsanbahnung: Machen Sie deutlich, dass Sie Design und Geschäftsstrategie zusammen denken. Stellen Sie Ihre Beratungskompetenz heraus.

Bei Unternehmen auf Stufe 3 »Design als Prozess« ist viel Potenzial für gestaltende Beraterinnen und Berater. In solchen Unternehmen gibt es ein erstes Problembewusstsein dafür, dass dem Design Thinking ein Design Doing folgen sollte und dass das mit externer Hilfe konsequent zu Ende gedacht werden müsste.

Was auf diesem Level wichtig ist: Ein Angebot, das frühestmöglich unternehmerische Fragestellungen einbezieht. Hier positionieren Sie sich ganz klar als gestaltende Beraterin bzw. gestaltender Berater.

Entwickeln Sie eine Magnetprodukt-Arena für ein Leistungsangebot, anhand dessen Sie sehr schnell testen können, wie ausgeprägt das Bewusstsein der potenziell Entscheidenden in den Unternehmen für das Thema Design als Denk- und Handlungsmethode ist.

Last, but not least, versehen Sie Ihr gestaltendes Beratungsangebot mit einem Preisschild. Das setzt eine transparente und kaufmännisch solide Kalkulation voraus.

Die Höhe Ihres individuellen Beratungshonorars ist abhängig von Ihrer verfügbaren Arbeitszeit, Ihren Lebenshaltungs- und Betriebskosten, Ihrem Markt-, Mehr- und Selbstwert.

TOOLBOX HABEN

- AUFTRAGGEBER-PROFILING
- DIE MAGNET-PRODUKT-ENTWICKLUNG
- BRAINWRITING

Auftraggeber-Profiling – Kommen Sie den unerfüllten Bedürfnissen auf die Spur

> Phase 1 der Magnetprodukt-Entwicklung: Welche Unternehmen brauchen gestaltende Beratung? S. 70

Wozu: Sie möchten für und mit Firmen arbeiten, die Ihre Kernkompetenzen als gestaltende Beraterin bzw. gestaltender Berater zu schätzen wissen. Die neue Wege gehen wollen, die sich mehr Kreativität im Lösungsprozess wünschen. Die verstanden haben, dass sie Wege, die noch niemand gegangen ist, am besten mit jemanden zusammen beschreiten, die oder der seit Jahren nichts anderes macht, als neue Wege zu entdecken.
Nähe zu den auftraggebenden Entscheiderinnen und Entscheidern in dieser Gruppe von Unternehmen ist das beste Alleinstellungsmerkmal. Mit Nähe meine ich in dem Fall nicht nur die physische im Sinne einer direkten Verbindung zu der Person. Ganz nah sind Sie dran, wenn Sie sich auf das fokussieren, was diese Unternehmen brauchen – und bislang nicht bekommen. Versetzen Sie sich in die Lage Ihrer potenziellen Auftraggeberinnen und Auftraggeber und vollziehen Sie nach, was klassische Marken-, Unternehmens- oder Kommunikationsberatung nicht erfüllen können. Unerfüllte Bedürfnisse verdienen besondere Aufmerksamkeit.

Anwendung: Skizzieren Sie Ihre ideale Auftraggeberin oder Ihren idealen Auftraggeber mit ihrem/seinem Denken und Fühlen anhand des nachfolgenden Fragebogens.
Um sich wirklich in die Person hineinversetzen zu können, empfehle ich drei Dinge:

1. **Beantworten Sie die Fragen intuitiv.** Bewerten Sie Ihre Antworten nicht. Ich erlebe immer wieder, dass Antworten infrage gestellt werden: Ob das realistisch ist, ob das Privatleben überhaupt eine Rolle spielen muss, ob man sich das wirklich ausdenken darf. Das spielt in dieser Phase keine Rolle, denn Ihr Fragebogen dient in erster Linie dazu, dass Sie sich die drei Ebenen von Persönlichkeit, Unternehmensart und Wirkungsfeld kognitiv und emotional erschließen. Sie dürfen Ihrer Intuition voll vertrauen. Schließlich sind Sie erfahren in Ihrem Beruf.

2. **Beantworten Sie die Fragen in ganzen Sätzen.** Versuchen Sie nicht, sich kurz zu fassen. Meiner Erfahrung nach ist es wesentlich leichter, sich in die Personas hineinzuversetzen, wenn Sie erzählerisch an die Antworten herangehen. So wird viel plastischer, was für ein Mensch die ideale Auftraggeberin bzw. der ideale Auftraggeber ist. Wer in Schlagworten oder Bulletpoints antwortet, wird immer nur ein holzschnittartiges Bild erzeugen. Lassen Sie sich empathisch auf den Menschen ein, so wie Sie es in Ihrem Beruf als Designerin und Designer gewohnt sind.

3. Schreiben Sie mehrere Profile.
Menschen, Unternehmen und die Herausforderungen, vor denen sie stehen, sind unterschiedlich. Diese verschiedenen Facetten, auch die Ihrer idealen Auftraggeberin bzw. Ihres idealen Auftraggebers, sollten unbedingt einfließen dürfen. Die meisten beschreiben in ihrem ersten Profil sich selbst. Im zweiten eine Person, mit der sie bereits zusammengearbeitet haben, die aber doch nicht ganz ideal war, dafür sehr real. Das ist ganz normal. Ab dem dritten Profil wird es spannend! Es lohnt, sich diese Zeit zu nehmen. Noch besser ist es, wenn Sie zwei bis drei Profile nebeneinander legen können. Dann offenbaren sich noch einmal Feinheiten beim Beratungsanlass oder was Ihnen noch tiefere Freude bereitet. Ein roter Faden wird erkennbar, aber auch, wo Sie noch Wissenslücken über die Situation Ihrer Zielgruppe haben. Forschen Sie in dem Fall in direkten Gesprächen nach.

Hürde: Dieses Vorgehen braucht Zeit. Planen Sie mindestens einen halben Tag für das Profiling ein und gönnen Sie sich dann eine Pause, bevor Sie ans Vergleichen gehen. Nehmen Sie sich dafür einen weiteren halben Tag Zeit. Je gründlicher Sie an dieser Stelle arbeiten, desto leichter werden die nächsten Schritte.

Und dann? Arbeiten Sie die Kernprobleme und Bedürfnisse heraus, indem Sie die Profile nebeneinanderlegen.

Lassen Sie die Profile dazu mit etwas Abstand auf sich wirken. Wählen Sie die, bei denen Sie am Ende aus vollem Herzen »Ja« gesagt haben. Nun sammeln Sie – am besten auf einzelnen Zetteln oder Post-its – alle Probleme und Herausforderungen Ihrer idealen Auftraggebenden und legen sie in einer Reihe aus. Das Gleiche machen Sie mit den Bedürfnissen, Wünschen und Erwartungen dieser Personen. Welche drei sind jeweils besonders ausgeprägt? Welche drei treten bei vielen Unternehmen sehr wahrscheinlich früher oder später auf? Das sind die sogenannten »evergreen problems« in Anlehnung an immergrüne Pflanzen, die nie kahl werden. Da wollen wir hin!

Je größer der Schmerz, je stärker die Sehnsucht nach einer Lösung, desto investitionsbereiter sind die Entscheiderinnen und Entscheider. Je häufiger das Problem auftritt, desto größer ist das Marktpotenzial. Genau solche, nur solche Herausforderungen und Wünsche sollten Sie in Ihre Magnetprodukt-Arena gießen. Deshalb kleben Sie diese drei »evergreen problems« an die Spitze Ihrer Arena.

Unter die Probleme schreiben Sie die daraus resultierenden Bedürfnisse Ihrer idealen Auftraggebenden. Das ist das »Wozu« Ihres potenziellen Beratungsauftrags.
Formulieren Sie die Aussagen aus der Perspektive Ihrer Persona. Wie würde dieser Mensch das Problem einer Person schildern, die ihr nahe steht und mit der sie wich-

tige Entscheidungen bespricht? Je näher Sie an deren Sprache sind, desto empathischer werden Sie wahrgenommen. Empathie ist der wichtigste Vertrauensanker.

Mag-ich-Moment: Ein schöner Moment ist, wenn Sie die letzte Frage aus vollem Herzen mit »ja« beantworten. Dann wissen Sie, dass Sie auf dem richtigen Weg sind. Klopfen Sie sich auf die Schulter, wenn Sie Ihre sechs Post-its mit je drei Kernproblemen und Kernbedürfnissen beschriftet haben. Das ist der ideale Einstieg in die Angebotsseite.

Der Fragebogen zum Auftraggeber-Profiling

> Entscheiden Sie zunächst, ob Ihre Persona männlich oder weiblich ist.
> Geben Sie der Person nun einen Namen, am besten einen Vornamen.
> Wie alt ist die Person?
> Was genau macht sie beruflich? In welchem Umfeld bewegt sie sich? In einem Konzern oder Familienbetrieb oder selbstständig? In welcher Branche? Ist sie beruflich regional oder international unterwegs?
> Welche Ausrichtung kann man dem Unternehmen zuschreiben? Innovativ oder risikoavers? Dynamische oder starre Prozesse? National oder international? Wachstumsorientierung oder Kostenreduktion im Fokus?
> Mit welchen Menschen hat die Person im beruflichen Umfeld zu tun?
> Was sind die besonderen Stärken der Person? Was kann sie besonders gut?
> Wofür wird sie von anderen geschätzt?
> Was ist dieser Person besonders wichtig? Woran glaubt sie? Für was setzt sie sich ein? Gibt es etwas, wofür sie sich besonders engagiert? Wenn ja, was?
> In welcher Rolle fühlt sie sich am wohlsten?
> Wen fragt die Person bei wichtigen Entscheidungen? Beruflich? Privat?
> Wie sieht ein typischer Tagesablauf dieser Person aus?
> Was sind die Aufgaben dieser Person? Wofür zeichnet sie verantwortlich?
> Was sind die beruflichen Ziele der Person? Woran wird ihr Erfolg gemessen?
> Welches konkrete Problem hat sie, mit dem sie auf Sie zukommt? Welchen Wunsch? Welche Frage? Was sind die Pain Points? Was ist der Anlass? Warum gerade jetzt?

Der Fragebogen zum Auftraggeber-Profiling

- Wie lange beschäftigt sie sich schon mit dem Thema? Was hat sie bereits in der Sache unternommen, bevor sie auf Sie zukommt?
- Wie fühlt sich die Person in dieser Phase? Ist sie genervt oder motiviert?
- Wie würden Sie die Gefühlslage beschreiben? Warum kommt diese Person gerade zu Ihnen? Welche Erwartungen hat sie an Sie? Woran werden Sie gemessen?
- Was tun Sie für diese Person?
- Was sind die Benefits? Was kann diese Person/dieses Unternehmen nach der Zusammenarbeit mit Ihnen besser, geht etwas leichter, wovon gibt es mehr, wovon weniger? Was geht zum allerersten Mal? Was erlebt sie zum allerersten Mal?
- Was davon schafft höchste Kundenzufriedenheit?
- Welche Aspekte der Leistungen sind für die Entscheidung am wichtigsten?
- Welche Erwartungen und Anforderungen werden an die einzelnen Aspekte gestellt und warum?
- Welche Rolle übernimmt die Person im Entscheidungsprozess? Wer ist noch in den Entscheidungsprozess involviert und wer trifft die endgültige Entscheidung?
- Welche Kriterien sind für die einzelnen involvierten Personen ausschlaggebend?
- Was könnte der Beauftragung /dem Kauf jetzt noch im Wege stehen? Wovor hat diese Person Angst? Was ist ihre Sorge? Welche Zweifel bestehen gegenüber der Lösung?
- Ist das wirklich die Auftraggeberin bzw. der Auftraggeber, mit der/dem Sie arbeiten wollen?

Die Magnetprodukt-Arena – Der Baukasten für Ihr neues Beratungsangebot

› Phase 2 der Magnetprodukt-Entwicklung: Ihre Rolle als gestaltende/r Berater/in S. 79

Wozu: Die Magnetprodukt-Arena ist der erste Wurf, der Prototyp Ihres neuen Beratungsangebots.
Indem Sie in der Arena die unerfüllten Bedürfnisse Ihrer idealen Auftraggebenden mit der einzigartige Kombination Ihres Fachwissens, Ihrer Persönlichkeit und Erfahrung verbinden, wird Ihr Angebot einmalig. Sie haben damit Ihre Unique Selling Proposition (USP).

Die Matrix gibt dem ganzen Prozess eine transparent nachvollziehbare und damit greifbare Struktur. Es wird einfacher, ein Preisschild daran zu heften.

Anwendung:
Schritt 1: Sortieren Sie die Post-its mit den drei im Profiling (Toolbox HABEN S. 99) herausgearbeiteten Kernproblemen und -bedürfnissen in die obere Hälfte.

Die drei Schritte zum kaufbaren Angebot (Magnetprodukt-Arena)

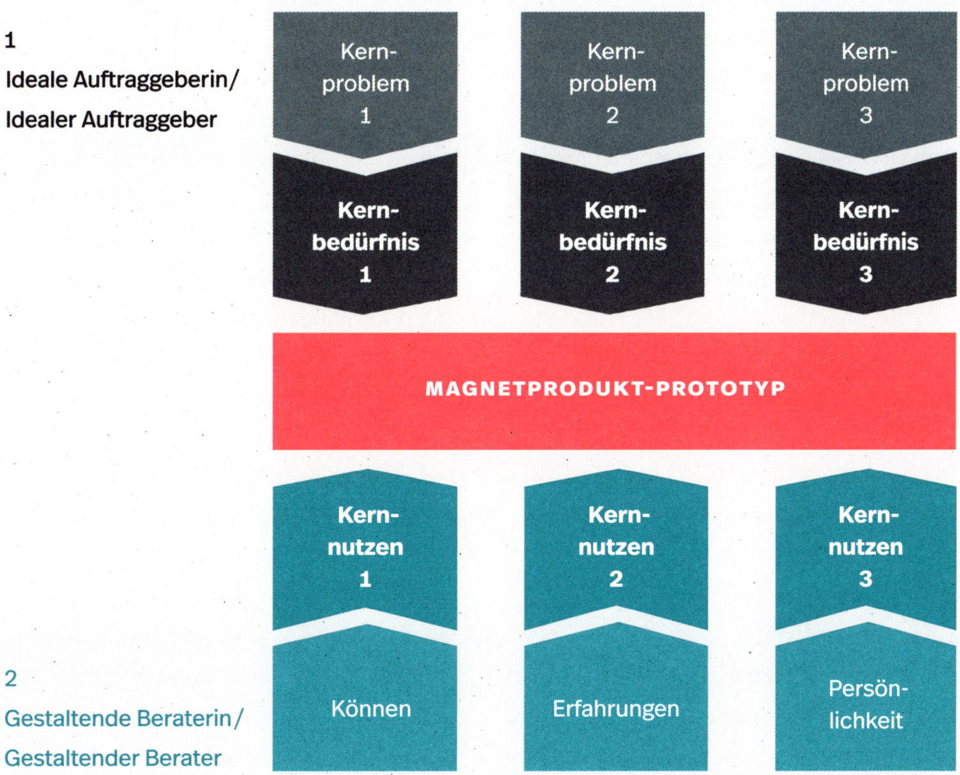

Schritt 2: Nähern Sie sich dann Ihrem Prototyp von unten:
Mit Blick auf die zehn wichtigsten Ereignisse: Welche beruflichen Schlüsselerfahrungen sind zentral für den Beruf der gestaltenden Beraterin bzw. des gestaltenden Beraters? Notieren Sie jede auf einem Post-it.
Mit Blick auf die Antworten aus der »Love Shower« (Toolbox SEIN S. 62): Welche fachlichen Kompetenzen und welche Ihrer persönlichen Stärken und Eigenschaften schätzen andere besonders? Schreiben Sie auch diese jeweils auf einen Post-it.
Leiten Sie aus Ihrem Können, Ihrer bisherigen beruflichen Erfahrung und Ihrer Persönlichkeit die daraus jeweils resultierenden Kernnutzen für Ihre idealen Auftraggebenden ab und notieren Sie sie auf Post-its. Welche Paarungen stellen das stärkste bzw. glaubwürdigste Nutzenversprechen dar?

Schritt 3: Erarbeiten Sie, wie die Brücke zwischen dem Nutzen, den Sie Ihrer Auftraggeberin bzw. Ihrem Auftraggeber ehrlich und nachvollziehbar versprechen können, und den Bedürfnissen und Zielen, die ihnen wirklich wichtig sind, aussehen könnte. Frei nach dem Motto: »Think big, start small.« Gehen Sie spielerisch daran, indem Sie Ihre Ideen mit der Brainwriting-Methode (Toolbox HABEN S. 105) sammeln. Stellen Sie sich einen Timer. Wann wollen Sie fertig sein? Das hilft enorm, um sich nicht im Gedankenkarussell zu verlieren.
Zum Abschluss schieben Sie Ihre Post-its so lange, bis Sie eine wirklich schlüssige Arena haben, die sich von oben nach unten und von unten nach oben logisch nachvollziehbar lesen lässt.

Hürde: Diese Vorgehensweise erfordert volle Konzentration. Ich vergleiche diese Phase im Positionierungsprozess als das Nadelöhr.
Es besteht die Gefahr, dass Sie bis zum Sankt-Nimmerleins-Tag im stillen Kämmerlein an Ihrer Idee feilen. Einzelne Sätze wieder und wieder neu formulieren. Im inneren Dialog mit uns selbst lernen wir nichts. Erfolgreiche Marken und erfolgreiche Produkte entstehen im Dialog, nicht am Reißbrett. Suchen Sie sich eine Sparringspartnerin oder einen Sparringspartner, der/dem Sie Ihre Arena vorstellen, bevor Sie sich verzetteln. Das hilft beim Finetuning.

Was ebenfalls ausbremsen kann, ist, wenn Sie zu viele Schritte auf einmal vorausdenken. Sie müssen beim Entwickeln Ihres Magnetprodukts noch nicht darüber nachdenken, wie Sie Ihr Magnetprodukt auf die Webseite bringen. Sie brauchen sich mit Ihrer noch holzschnittartigen Idee auch noch nicht in einem großen Kreis von Interessenten vorstellen.

Und dann? Jeff Bezos sagt »Marke ist das, was andere über dich sagen, wenn du nicht im Raum bist.« Je früher Sie mit Ihrer Idee ins Gespräch gehen, desto schneller werden Sie merken, wo Sie auf dem richtigen Weg sind und wo Sie Anpassungen bei Ihrem neuen Angebot vornehmen müssen. Damit meine ich nicht, dass Sie Ihre Idee auf einer

großen Bühne präsentieren. Stellen Sie Ihren Ansatz zuerst einem einzelnen Menschen vor. Einem Menschen, von dem Sie denken, dass er davon profitieren könnte. Einem Menschen, der sehr wahrscheinlich große Bedenken haben könnte. Sie werden merken, dass Sie mit jedem Gespräch etwas lernen und besser werden. Sie werden zunehmend genauer erkennen, wo die unerfüllten Bedürfnisse schlummern und wo Ihre große Stärke liegt. Die Lücke zwischen dem, was Unternehmen brauchen und dem, was Sie bieten können, wird immer kleiner. Es ist ein Prozess, der nie zu Ende ist. Bekanntlich ist nichts so konstant wie der Wandel.
Wenn Sie ein Angebot entwickeln, das eine Mischung aus Service, Produkt oder Prozess sein kann, sollten Sie folgende Aspekte immer berücksichtigen:

> Sie müssen das Alpha und das Omega Ihres Angebots kennen, den Anfang und das Ende. Für Ihre potenziellen Auftraggebenden muss unmittelbar deutlich werden, wann und wie die Zusammenarbeit beginnt und wann sie wie endet.
> Die einzelnen Phasen, Schritte oder Module müssen eindeutig und transparent nachvollziehbar sein. Sie sollten genau erklären können, warum was wann passiert. Das ist zum einen wichtig, um das Vertrauen Ihrer potenziellen Auftraggebenden zu gewinnen, und zum anderen, damit Sie genau kalkulieren können, welches Preisschild Sie an Ihr Beratungsangebot heften.

Mag-ich-Momente: Der Moment, an dem Sie nach mehreren Anläufen Ihre fertige Magnetprodukt-Arena in den Händen halten. Ihr erstes positives Feedback zu Ihrem neuen Beratungsangebot von einer Ihrer Wunschauftraggeberinnen oder einem Ihrer Wunschauftraggeber. Unbezahlbar!

Brainwriting – Sammeln Sie Produktideen

> Phase 3: Der Prototyp Ihres neuen Beratungsangebots S. 85

Wozu: Dieses Tool lehnt sich an das Brainstorming von Werbefachmann Alex F. Osborne an. Nutzen Sie das Brainwriting, um Produktideen für Ihren Prototyp zu sammeln und sich von anderen inspirieren zu lassen.

Anwendung: Jetzt kommt die Phase, in der Sie Ihre ganze Kreativität ausleben und Produktideen entwickeln können: Werfen Sie in die Mitte der Arena zwischen WOZU (Kernbedürfnisse) und WARUM (Kernnutzen) Ihre Ideen, wie Ihr Beratungsangebot aussehen soll.
Denken Sie an die Design-Best-Practice-Studie von McKinsey: Design ist mehr als ein Produkt. Es beginnt nicht mit den Spezifikationen einer Lösung, sondern bei den Nutzerinnen und Nutzern, Ihren idealen

Auftraggebenden. Sammeln Sie alle Ideen, die diesen in einem hohen Maße helfen, ihre Kernbedürfnisse zu erfüllen.
Es kann ein Workshop oder ein Beratungsprozess aus mehreren Modulen sein. Eine Kombination aus Face-to-Face- und Onlineberatung (Blended Consulting).
Lassen Sie sich von Mitbewerbern inspirieren: Was bieten diese an?

Hürde: Wenn Sie die Methode alleine anwenden, sprudeln die Ideen nicht so wie im Team. Hier könnten Gleichgesinnte helfen, die an einem ähnlichen Punkt stehen wie Sie.
Beim Brainwriting meldet sich oft der innere Kritiker bzw. die innere Kritikerin zu Wort und will frühzeitig Ideen streichen. Schreiben Sie jede vermeintlich noch so »blöde« Idee auf. Jeder Gedanke, der aus dem Kopf heraus ist, macht Platz für einen neuen.

Und dann? Testen Sie jede Ihrer Ideen darauf, ob sie eine Brücke schlägt, zwischen dem, was Ihre idealen Auftraggeberinnen und Auftraggeber brauchen, und dem, was Sie bewirken können und wollen. So entsteht ein einzigartiges Angebot.
Adaptieren (nicht kopieren!) Sie Ideen von Mitbewerbern.
Wenn Sie auf die Unternehmensziele Ihrer idealen Auftraggebenden achten: Was müsste dafür zuerst passieren? Was zuletzt? Welche Elemente sind zentral?
Gehen Sie jeweils in die Selbstreflexion: Können und wollen Sie so arbeiten? Deckt sich das mit Ihrem WARUM?
Wenn Sie den ersten Entwurf haben, nehmen Sie etwas Abstand. Machen Sie eine Kaffeepause oder einen Spaziergang und blicken Sie dann mit frischem Blick auf Ihre Zettel-Arena. Was fällt Ihnen auf? Ist sie noch stimmig? Wunderbar!
Falls nicht: Gruppieren Sie die einzelnen Zettel noch einmal neu. Dann lassen Sie es gut sein.

Mag-ich-Moment: Der Aha-Moment, wenn sich eine Idee konkretisiert und Sie merken: Jetzt sind Sie als gestaltende Beraterin oder als gestaltender Berater nicht mehr aufzuhalten.

SAGEN

DIE NEUE ART
ÜBER IHRE ARBEIT
ZU SPRECHEN

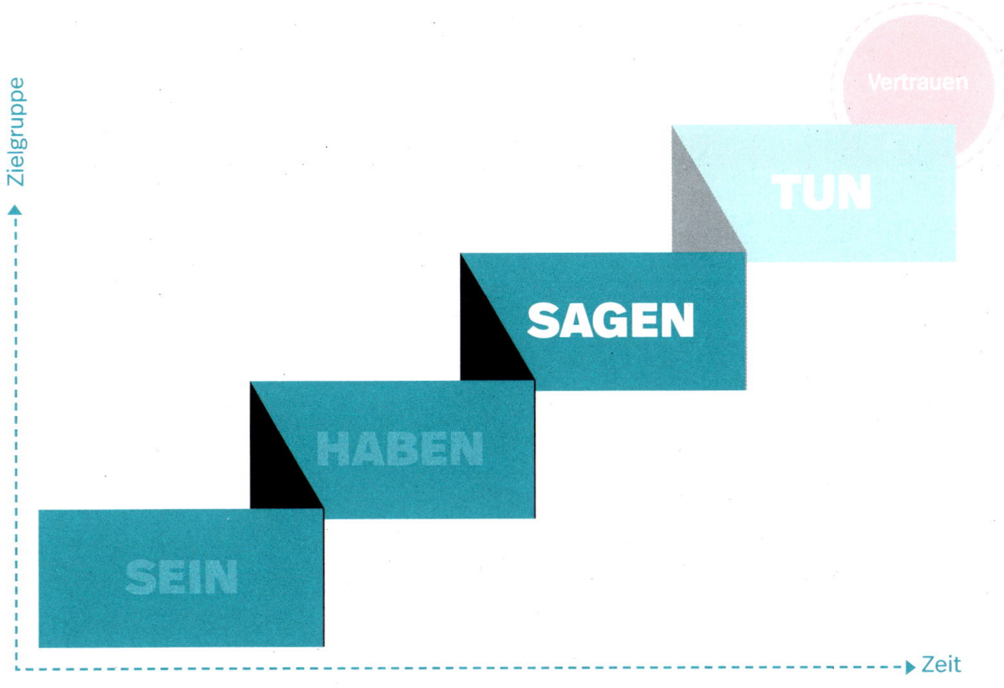

Worum geht's beim SAGEN?

Wenn Sie Ihren ersten Prototyp entwickelt und erfolgreich getestet haben, ist es an der Zeit, dass die Welt von Ihrer neuen Rolle erfährt. Aber wie?

Unternehmen werden nicht sofort von sich aus begeistert Aufträge für gestaltende Beratung an Sie vergeben. Schließlich wissen die Unternehmen eventuell noch gar nicht, dass ihnen die Kompetenzen von Designerinnen und Designern helfen könnten.

Dafür brauchen Sie eine neue Art von Nutzenversprechen und eine neue Art der Kommunikation, die sich an das Informations- und Entscheidungsverhalten Ihrer Wunschauftraggeber und -auftraggeberinnen anpasst.

Ich gebe weiter unten einen kurzen Abriss zu den Chancen unterschiedlicher digitaler Kommunikationskanäle wie Social Media, Newsletter, Blogs und Webseite, aber auch zu analogen Formaten wie Vorträge, Workshops und Barcamps.

Außerdem analysieren Sie anhand einer Customer Journey Map die Phasen, die Ihre Auftraggebenden durchlaufen, bevor sie Sie als gestaltende Beraterin oder gestaltenden Berater beauftragen. Daraus können Sie ableiten, wann Sie wo wie kommunizieren müssen, um Vertrauen und dadurch letztlich Aufträge zu gewinnen.

Der Vertrauenskreislauf im Marketing

»Vertrauen kommt zu Fuß und flieht mit dem Pferd«, besagt ein niederländisches Sprichwort. Menschen brauchen eine gewisse Zeit, um Vertrauen zu fassen. Sie beobachten, sie fragen andere, sie hören von anderen etwas, sie probieren aus, erleben etwas. Darum wirken viele Marketingmaßnahmen nicht sofort. Das wird oft unterschätzt. Auch Ihre neuen Auftraggebenden werden eine gewisse Zeit brauchen, bis Sie Ihnen einen Beratungsauftrag zutrauen. Noch googelt niemand »gestaltende Beratung« oder weiß, dass Designerinnen und Designer genau das können, was Unternehmen heute brauchen. Manche Entscheiderinnen und Entscheider wissen auch gar nicht, was sie wirklich brauchen. Das macht nichts, denn es gibt Ihnen Zeit, Ihren beruflichen Wechsel in die gestaltende Beratung in aller Ruhe zu vollziehen. Eine erfolgreiche Positionierung läuft nach folgendem System ab.

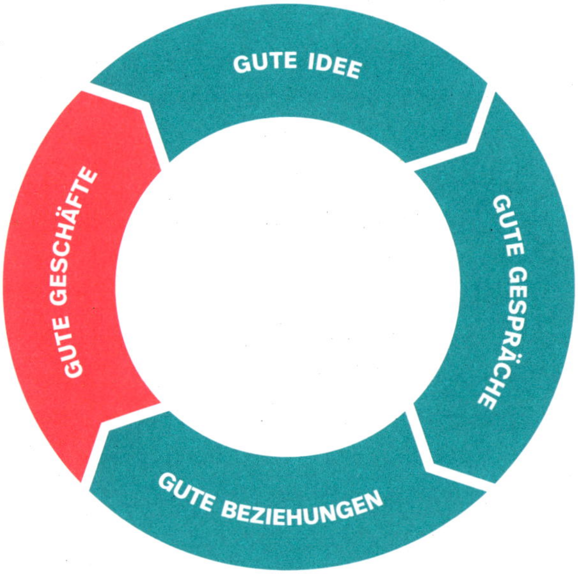

Vertrauenskreislauf im Marketing

Es beginnt mit einer GUTEN IDEE. In Ihrem Fall, mit der Idee, gestaltende Beratung anzubieten. Genau darüber beginnen Sie zu sprechen: Was Designerinnen und Designer im Allgemeinen seit jeher können und wissen. Was Sie im Speziellen ausmacht, auf welche individuellen Erfahrungen Sie bauen. Warum Sie sich auf den Weg machen, Beratung neu zu gestalten. Was das alles mit dem zu tun hat, was Unternehmen heute umtreibt, woran sie scheitern können und woran sie wachsen werden. Warum genau diese Expertise von Designerinnen und Designern Unternehmen beim Finden strategisch wichtiger Antworten hilft. Erinnern Sie sich an den Golden Circle von Simon Sinek: »Start with why.« Das sind gute Gespräche.

Diese GUTEN GESPRÄCHE sind keine Verkaufsgespräche. Diese Gespräche haben eine einzige Funktion: Gleichgesinnte zu finden. Nehmen Sie sich Zeit, auf Konferenzen und Netzwerkveranstaltungen zu gehen. Tauschen Sie sich mit Ihrer Zielgruppe, anderen Kreativen und Menschen aus der Beratungsbranche aus. Klopfen Sie Ihr gesamtes Umfeld ab. Wer reagiert wie auf Ihre Idee? Trennen Sie die Spreu vom Weizen. Lassen Sie sich nicht von Skepsis oder Schwarzmalerei beeindrucken. Scharen Sie Neugierige um sich.

Dafür brauchen Sie noch kein ausgearbeitetes Angebot. Es genügt eine grobe Idee. Ein Prototyp Ihres Magnetprodukts in Form einer Arena. Schreiben Sie eine Mail, rufen Sie jemanden an und erzählen Sie diesem Menschen von Ihrer Idee. Je früher, desto besser.

Tragen Sie Ihre neue Rolle als gestaltende Beraterin bzw. gestaltender Berater möglichst schnell weiter. Es muss nicht gleich auf Twitter sein. Seien Sie offen für das, was passiert. Sie werden merken, dass Sie möglicherweise noch nicht die richtigen Worte gefunden haben. Es kann sein, dass Sie auf Unverständnis stoßen. Hören Sie dann aufmerksam zu. Rückfragen helfen Ihnen enorm, Ihre Gedanken und Gefühle zu Ihrer Idee neu zu ordnen. Sicher werden Sie auf Zustimmung und unterstützende Worte stoßen.

Eine neue Positionierung anzustreben, ist ein bisschen wie das Erlernen einer Fremdsprache. Grammatik und Vokabeln können Sie in einem Kurs lernen. Wirklich sprechen lernen Sie, wenn Sie mit Einheimischen in ihrem Land in deren Dialekt ins Gespräch kommen. Seien Sie nicht zu kritisch mit sich, wenn Ihr Gegenüber erst einmal mit einem Fragezeichen im Blick antwortet und nicht sofort begeistert auf Sie eingeht.

Sie sind keine Berufsanfängerin, kein Berufsanfänger. Über die Jahre haben Sie sich ein gutes Netzwerk aufgebaut. Dieses ergänzen Sie nun um eine neue Kategorie und reichern es kontinuierlich in Sachen gestaltende Beratung an. Orientieren Sie sich an Menschen, die sich bereits auf den Weg gemacht haben, den Sie gehen wollen. Tun Sie sich mit Kolleginnen und Kollegen zusammen, die auf einem ähnlichen Weg sind. Ein neuer Markt lässt sich gemeinsam viel besser bearbeiten als allein. Machen Sie Gleichgesinnte zu Verbündeten in Ihrem Vertrauenszirkel. Vernetzen Sie sich auf Xing oder LinkedIn, bleiben Sie auf eine wie auch immer geartete Weise in Kontakt, um aus den guten Gesprächen GUTE BEZIEHUNGEN gedeihen zu lassen.

Mit der Zeit werden aus diesen guten Beziehungen beinahe von selbst GUTE GESCHÄFTE, sobald Sie Ihr Angebot der gestaltenden Beratung an den Start gebracht haben, in dem Ihre Persönlichkeit, Erfahrung und Kompetenz zu einem konkreten Nutzenversprechen zusammengeflossen sind.

Je mehr Gespräche Sie zu Ihrer Idee geführt haben, insbesondere mit Ihren Wunschauftraggeberinnen und -auftraggebern, desto leichter wird es, Ihr Magnetprodukt erfolgreich zu verkaufen.

Nach und nach werden Sie mehr und mehr gestaltende Beratungsaufträge gewinnen. Sie werden lernen und wachsen. Ihre gute Idee wird reifen und sich immer besser an die Bedürfnisse Ihrer Auftraggebenden anpassen. Sie werden mehr gute Gespräche führen. Dieser Kreislauf ist beinahe ein Selbstläufer.

Das ehrliche Kundenversprechen

Ein Versprechen nach außen laut für alle hörbar abzugeben, bindet. Man kann nicht so leicht einen Rückzieher machen. Wir halten, was wir anderen versprechen, viel besser als das, was wir nur uns selbst versprechen. Die Positionierung auf einem Markt steht und fällt mit einem Versprechen an die Welt. Was können Sie ehrlich versprechen?

Die meisten Gestalterinnen und Gestalter sind angetrieben von

Sinnhaftigkeit. Wenn Sie das Gefühl haben, dazu beizutragen, die Welt zu einem besseren Ort zu machen, geht es Ihnen gut. Es motiviert Sie.
Dieses »besser« gilt es, in Worte zu fassen. »Besser« bedeutet, dass Ihre Auftraggeberinnen und -geber oder auch der Markt etwas gewinnen, wenn Sie beteiligt sind. Es kann Klarheit für Entscheidungen sein, Zeitersparnis, Kostenersparnis, neue Kunden und Kundinnen, bessere Kundenbeziehungen, weniger problematische Kundenbeziehungen. Ihre Beratungsmandanten haben etwas gelernt oder zum ersten Mal verstanden. Haben erfolgreich etwas Neues ausprobiert. Oder den Mut gefasst, schmerzhafte Einschnitte vorzunehmen.

Aus Ihrem Magnetprodukt können Sie Ihr Kundenversprechen ableiten.

Wichtig ist, dass Sie es halten. Wenn wir als Beraterin oder Berater ein Unternehmen für eine Weile begleiten, können wir Dinge anstoßen, neue Zusammenhänge aufdecken, die Umsetzung unterstützen. Was wir nicht können und nicht wollen, ist, den Verantwortlichen Entscheidungen abzunehmen. Die müssen die Menschen in den Unternehmen selbst treffen. Abhängig von diesen Entscheidungen werden messbare oder auch spürbare Veränderungen folgen. Das können wir bedingt beeinflussen, indem wir den Prozess beschleunigen oder intensivieren.

Fünf W-Fragen für Ihr künftiges Versprechen

Ich verstehe Versprechen im Sinne einer Absichtserklärung. Die Leitfrage für Ihr künftiges Versprechen lautet: Wer macht was für wen warum wozu? Es sind die zentralen W-Fragen, die alle potenziellen Auftraggebenden, Geschäftspartnerinnen und -partner und andere Interessierte früher oder später stellen. Die Antwort auf diese Frage muss nicht nur lesbar oder hörbar sein, sondern auch erlebbar. Nicht jeder Aspekt Ihres Versprechens muss mit allen drei Sinnen wahrgenommen werden können. Ihre Persönlichkeit lässt sich z. B. eher erleben als beschreiben. Texte können Ihren Charakter durch die Art der Wortwahl besser transportieren als eine Aufzählung Ihrer Charakterzüge. Ihr Temperament lässt sich viel leichter beobachten als beschreiben. Wenn Sie Ihr

Versprechen formulieren, behalten Sie im Hinterkopf, dass Sie das in einem ersten Schritt für sich selbst tun. Sehen Sie es als Checkliste, um Ihre Kommunikation daran auszurichten.

WER?

Das WER befasst sich mit Ihrem Namen, Ihrem Beruf, Ihrer Persönlichkeit.

Das kann beispielsweise so aussehen:

- Frederike Fröhlich, gestaltende Beraterin
- Unkompliziert, aber nicht einfach gestrickt
- Clever, aber nicht besserwisserisch
- Wortgewandt, aber keine Quasselstrippe
- Willensstark, aber nicht stur
- Witzig, aber nicht albern
- Kann gut zuhören, ist aber nicht schüchtern
- Optimistisch, aber nicht naiv

> »Love Shower« siehe Toolbox SEIN S. 62.

Die Werte Ihrer Beratungspersönlichkeit leiten Sie aus der »Love Shower« auf der Ebene SEIN ab. Sie bilden die Leitplanken für Ihre gesamte Kommunikation. Beim Prototyp habe ich bereits darauf hingewiesen, wie wichtig es ist, das Alpha und das Omega seines Angebots zu kennen. Gleiches gilt für die Kernwerte der Persönlichkeit. Es ist nicht nur wichtig zu wissen, wer Sie sind, sondern auch, wie Sie keinesfalls wahrgenommen werden möchten. Ich empfehle, diese Liste mit maximal sieben Eigenschaften immer griffbereit zu halten, wenn Sie etwas schreiben: Seien es Texte für Ihre Webseite, Blogartikel, Vorträge, E-Mails, oder wenn Sie Fotos von sich machen lassen. Klingen Ihre Texte so? Sieht Ihre Bildsprache danach aus? Nicht alle Eigenschaften müssen in allen Formaten gleichzeitig transportiert werden. Sie werden witzig wahrgenommen, wenn die Leser auf Ihrer Webseite auch mal ins Schmunzeln kommen. Nicht unbedingt, wenn Sie auf einem Foto witzig aussehen.

WAS?

»Und was machen Sie so?« – die typische Frage auf Partys, Netzwerkveranstaltungen oder an Stehtischen von Konferenzen. Wenn Sie an der Stelle antworten Design oder – jetzt neu – gestaltende Beratung, löst das keine Emotionen aus. Menschen nehmen einen Beruf meist nur mit einem höflichen Nicken zur Kenntnis. Neugieriges Nachfragen bleibt aus. Was auch unmittelbar passiert: Sie landen in einer Schublade von vielen. Sie werden weder als einzigartig noch unterscheidbar wahrgenommen. Sie überlassen sich mit einer solch generischen Antwort völlig dem Bild, das dieser Mensch von Designern oder Beratern oder von Design und von Beratung hat. Meist löst das eine Reaktion aus wie: »Ja, wir haben auch schon mal ein Logo machen lassen.« Oder Ihr Gegenüber erinnert sich an den letzten Flyer. Denkt bei Beratung an McKinsey, sieht vor dem inneren Auge hohe Rechnungsbeträge – und wendet sich innerlich ab. Aus Angst, jetzt etwas angedreht zu bekommen, was er auf gar keinen Fall haben will.

An dieser Stelle kommt Ihr Magnetprodukt ins Spiel. Wenn Sie sagen, Sie bieten Wasabi-Konfetti-Workshops (oder ein anderes konkretes Angebot mit griffigem Namen) an, können Sie sicher sein, dass Ihr Gegenüber aufmerkt und mehr erfahren möchte. Idealerweise löst der Name beim Gegenüber unausweichlich die Frage aus: »Was hat es damit auf sich?« Menschen halten es normalerweise ganz schlecht aus, etwas nicht zu wissen oder zu kennen. Das gilt nicht nur für persönliche Gespräche, sondern auch für Ihre Webseite. Mit der Magnetprodukt-Arena vor dem inneren Auge können Sie genau erzählen, was Sie machen und wie das abläuft.

Das wirft beim Gegenüber die nächste Frage auf: Wäre das auch etwas für mich bzw. unser Unternehmen?

WOZU?

Vom WAS können Sie unmittelbar zum WOZU übergehen. Sie beschreiben den Nutzen, der sich aus der Zusammenarbeit mit Ihnen ergibt. An dieser Stelle können Sie Feedback von bisherigen Auftraggeberinnen und Auftraggebern zitieren.

FÜR WEN?

Gut, wenn Sie Ihr Auftraggeber-Profiling genau erarbeitet haben. An dieser Stelle beschreiben Sie nicht die typischen Unternehmensdaten wie Mittelständler aus allen Branchen, sondern mit der Magnetprodukt-Arena vor Augen, an welcher Stelle Sie mit Ihrem Angebot ansetzen, was die typischen Fragestellungen sind, mit denen Unternehmen auf Sie zukommen (Kernprobleme), auf welche Ziele der Unternehmen das einzahlt (Kernbedürfnisse).

WARUM?

Ihr Kundenversprechen wird durch Ihr WARUM abgerundet. Sie erklären, warum Sie das tun, was Sie tun. Was Sie antreibt und motiviert, gestaltende Beraterin oder gestaltender Berater zu sein. Sie nennen die drei Kernkompetenzen, die das WOZU möglich machen.

Das ist die Schlüsselstelle von »Design mit der Unternehmensstrategie verbinden«, wie Beth Comstock es propagiert. Das ist Ihr Espresso! Sie machen unmittelbar deutlich, dass es bei Ihren Designkompetenzen um wesentlich mehr geht als darum, Dinge schön zu machen: Sie arbeiten mit Ihrem Angebot am wirtschaftlichen Erfolg des Unternehmens mit. Ihr Gegenüber oder die Webseitenbesucherinnen und -besucher haben ein neues Bild vor Augen. Sie als gestaltende Beraterin und gestaltender Berater haben Form und Farbe angenommen. Das macht es sehr viel leichter, Sie in Erinnerung zu behalten, sich für Sie zu entscheiden oder Sie zu empfehlen.

> Eine Anleitung, wie Sie anhand der »5-W-Methode« Ihr eigenes Kundenversprechen bzw. einen Slogan entwickeln können, finden Sie in der Toolbox SAGEN S. 139 bzw. 142.

Als Expertin und Experte ins Gespräch kommen

Es reicht nicht aus, Ihr Versprechen auf die Webseite zu schreiben oder einen Prototyp zu konzipieren. Damit die Welt von Ihnen und Ihrem klugen Angebot erfährt, braucht es kontinuierliches Erzählen und viele Gespräche.

Gute Kommunikation ist keine Einbahnstraße, sondern Dialog. Als gestaltende Beraterin bzw. gestaltender Berater werden Sie als besonders kompetent eingestuft, wenn Sie die richtigen Fragen stellen, aufmerksam zuhören, verstehen lernen wollen. Gute Gespräche leben nicht davon, dass Sie bereits alle Antworten kennen. Bedenken zeigen Ihnen auf, wo Sie eventuell noch zu ungenau oder nicht nachvollziehbar argumentieren. Das ist Ihre Chance, die Sprache der Wunschauftraggeberinnen und -geber besser zu verstehen.

Durch Fragen und Zuhören die Zielgruppe kennenlernen

Suchen Sie das Gespräch mit Entscheiderinnen und Entscheidern, um herauszufinden, woran sie gerade besondere Freude haben oder was sie ausbremst, was deren Geschäftsmodell ist, wo deren Unternehmen gerade steht, wo es hin will. Versuchen Sie, durch Fragen herauszufinden, welche Bedeutung Design im Unternehmen hat. Orientieren Sie sich an der Design-Leiter. Gibt es Design-Richtlinien? Wann wurde das Corporate Design entwickelt? Werden Design-Thinking-Methoden im Unternehmen angewandt? Gibt es Designverantwortliche im Unternehmen? Wird Design strategisch eingesetzt? Wo findet bereits ein direkter Austausch mit Kundinnen und Kunden statt? Wie werden die gesammelten Informationen ausgewertet und verwertet? Wie wichtig ist Innovationsfähigkeit für das Unternehmen? Welches Produkt wurde zuletzt entwickelt und auf den Markt gebracht?

Ziel des Gesprächs sollte sein, so schnell wie möglich herauszufinden, wo das Unternehmen Ihrer Gesprächspartnerin oder Ihres Gesprächspartners steht und wo Ihr bestmöglicher Ansatzpunkt entsprechend Ihrer Magnetprodukt-Arena liegt. An welcher Stelle Sie möglicherweise deren Bewusstsein für die Bedeutung von Design in deren Unternehmen schärfen müssen. Halten Sie Zahlen, Studien und Beispiele bereit, um Ihren Ansatz zu veranschaulichen.

Als Erfolg können Sie es verbuchen, wenn Sie Ihrem Gegenüber einen Impuls mitgegeben haben, den es so bislang noch nicht gehört hatte. Den sie oder er mitnimmt, um darüber nachzudenken. Bei solchen Gesprächen ist es wichtig, zu vereinbaren, wie man im Kontakt bleiben und wann das Gespräch fortgesetzt werden kann. Genial ist es natürlich, wenn Sie auf einen Blogartikel von Ihnen verweisen können oder einen Newsletter, in dem Sie regelmäßig Ihre Gedanken und Ihr Wissen zum Thema Gestaltungspotenzial in Unternehmen teilen oder Best-Practice-Beispiele.

Lassen Sie es bei Ihrem Gegenüber im Kopf arbeiten. So wird Ihr Blog erinnert und Ihre Vorträge ziehen Ihr Publikum in Ihren Bann. Geben Sie den Menschen Zeit, sich mit dem Thema auseinanderzusetzen. Früher oder später kommen alle an den Punkt, an dem sie erkennen: So, wie es jetzt ist, kann es nicht weitergehen. Und nach neuen Ideen und Wegen suchen. Ideal, wenn diese Überlegungen einhergehen mit der Frage: Was brauchen eigentlich unsere Kundinnen und Kunden?

Empfehlungsnetzwerk ausbauen

Ich sehe gute Gespräche nicht nur als Vehikel, um besser zu verkaufen. Jedes Gespräch ist wertvoll, auch wenn Ihr Gegenüber nicht zu Ihrer Wunschauftraggeberschaft gehört. Es könnte die Mitarbeiterin eines Unternehmens sein, mit dem Sie gerne arbeiten würden. Der Ehepartner oder ein auf andere Weise wohlgesonnener Mensch, der Sie oder einen Ihrer Artikel weiterempfiehlt.

Auf einen Espresso: »Vom Fan zum Empfehlenden«

Ich habe einige sehr treue Twitterfollowerinnen und Newsletterabonnenten. Roberto ist einer von ihnen. Er arbeitet in einem Unternehmen, das mich noch nie beauftragt hat, in einer Position, in der er wenig mit der Marketingabteilung seines Arbeitgebers zu tun hat. Roberto interessiert sich persönlich für das Thema Marke und Marketing. Er liest jede Ausgabe des Newsletters. Als gebürtigen Italiener begeistert ihn die Espressostrategie, weil sie ihn an das italienische Nationalgetränk und damit an seine Heimat erinnert. Roberto hat mich seinem Geschäftsführer bislang vergeblich empfohlen, aber über Empfehlungen in seinem Freundes- und Bekanntenkreis habe ich bereits Beratungsmandate gewonnen.

Definieren Sie die Zielgruppe Ihrer Kommunikation also keinesfalls zu eng. Vertrauen Sie auf die Empfehlungsbereitschaft Ihres Netzwerks. Ganz sicher gibt es auch in Ihrem Kommunikationsradius mindestens einen Roberto, der sich Ihrer Mission anschließen wird – sofern er denn davon erfährt.

Verbündete finden

Sie können durch Kommunikation Verbündete finden. Gestalterinnen und Gestalter, die auf dem gleichen Weg wie Sie sind. Mitbewerbende, aber nicht im Sinne von Konkurrenz, sondern Menschen mit der gleichen Mission wie Sie – nämlich gestaltende Beratung in die Unternehmenswelt zu tragen.

Die Kraft eines Einzelnen reicht nicht aus, um die Hebel in den Köpfen von Menschen umzulegen. Der Mut, etwas Neues zu wagen, unbekanntes Terrain zu betreten, ist Höchstleistung für das menschliche Gehirn. Das betrifft Entscheiderinnen und Entscheider in Unternehmen genauso wie Sie.

Gemeinsam mit Kolleg/inn/en, Verbänden und Vorreiter/inne/n werden Sie es wesentlich schneller schaffen, als gestaltende Beraterin und als gestaltender Berater mit Unternehmen auf der Design-Leiter nach oben zu klettern.

Kommunikationsformate für gestaltende Beraterinnen und Berater

Die Entscheidung eine Beraterin oder einen Berater ins Unternehmen zu holen, wird nie spontan und ganz selten im Alleingang getroffen. Nach meiner Erfahrung vergehen im Schnitt sechs bis 18 Monate, bis der Schmerz groß genug ist, Probleme konsequent anzugehen. Und bis klar ist, wem die Auftraggeberin oder der Auftraggeber ihr/sein Geld und vor allem ihr/sein Unternehmen anvertraut. Viele denken, dass die Investitionssumme die größte Hürde ist. Letztendlich sind die Bedenken hinsichtlich der tatsächlichen Investition gar nicht so groß im Vergleich zum Zweifel, was der nächste richtige Schritt sein könnte und wer dafür die richtige Partnerin bzw. der richtige Partner ist. Möglicherweise müssen auch erst noch Bedenkenträger/innen innerhalb des Unternehmens vom neuen Weg und der potenziellen Beraterin bzw. dem potenziellen Berater überzeugt werden.

Als gestaltende Beraterin bzw. gestaltender Berater bieten Sie ein erklärungsbedürftiges, immaterielles Produkt an, für das sich Auftraggeberinnen und Auftraggeber nach langer reiflicher Überlegung entscheiden, insbesondere dann, wenn die Beauftragung eventuell radikale Veränderungen innerhalb des Unternehmens zur Folge hat. Sie brauchen daher Kommunikationskanäle, die

Ihren potenziellen Auftraggebenden auf dem gesamten Entscheidungsweg begleiten.

Sie entscheiden mit Ihren Inhalten, ob Besucher/innen der Webseite, Leser/innen von Blogartikeln, Newsletterabonnent/inn/en, Teilnehmer/innen von Webinaren ein echtes Interesse für Ihr neues Beratungsangebot entwickeln. Sie brauchen Formate, die regelmäßige und ausführliche Erzählformen erlauben. Gestaltende Beratung ist ein komplexes Thema. Ihre Auftraggebenden brauchen Zeit und Raum, sich da hineinzudenken. Blog und Newsletter sind dafür geeignete Formate.

Webseite

Ihre Webseite ist das Herzstück Ihrer Kommunikation. Es ist der Ort, an dem Sie Ihre Gedanken und Gefühle zu den Themen teilen, die Sie bewegen. Hier schreiben Sie über sich und Ihr Magnetprodukt. Bei einer Webseite sind die drei häufigsten aufgerufenen Seiten die Startseite, Ihre Über-mich-Seite und die Angebotsseite. Auf Ihrer Startseite beantworten Sie die vier W-Fragen: Wer macht was für wen warum?

Die Angebotsseite strukturieren Sie entsprechend Ihrer Magnetprodukt-Arena. Ihre Über-mich-Seite sollte unbedingt ein authentisches Bild von Ihnen zeichnen. Langweilen Sie Ihre Besucherinnen und Besucher nicht mit klassischen Lebensläufen oder allgemeingehaltenen Leistungsbeschreibungen. Lassen Sie den Menschen hinter der Expertenkulisse durchscheinen. Professionelle Bilder von Ihnen sind die halbe Miete.

Ihre Texte dürfen übrigens lang sein, aber nicht langweilig. Sie sollten so geschrieben sein, dass sich Ihre Leserinnen und Leser angesprochen fühlen und sich in Ihren Worten wiedererkennen. Je höher die Verweildauer auf der Seite, desto stärker die Bindung, desto mehr wächst das Vertrauen.

Case Studies statt Portfolioseiten

Typisch für Webseiten von Designerinnen und Designern sind Portfolioseiten. Sie zeigen die Ergebnisse ihrer Arbeit. Statt »hübscher« Ergebnisse sollten Sie Ihren Besucherinnen und Besuchern Einblicke in die Prozesse Ihrer Arbeit geben. Bauen Sie eine nachvollziehbare und belastbare Brücke zwischen Ihrem Design und den erreichten Zielen Ihrer Auftraggebenden. Ein Bild sagt an dieser Stelle nicht mehr als Tausend Worte. Sie werden mehr als ein Portfolio mit schönen Bildern brauchen, um die Denk- und Kreativleistung abzubilden, die in Ihre bisherigen Designprojekte geflossen sind. Wenn Sie für mehr als das »Schnell-mal-schön-Machen« beauftragt, wertgeschätzt und bezahlt werden wollen, müssen Sie den Zusammenhang zwischen visuellem Ergebnis, vorangegangener Analyse und daraus abgeleiteten Schlüssen aufzeigen. Das Format von sogenannten CASE STUDIES, zu deutsch Fallstudie, ist hierfür besonders geeignet. Wichtig: Stimmen Sie die Dokumentation Ihres Beratungsfalls vor der Veröffentlichung mit Ihrer Auftraggeberin oder Ihrem Auftraggeber ab und lassen Sie sich das schriftlich freigeben.

Eine Case Study ist wie folgt aufgebaut:

Zuerst beschreiben Sie die AUSGANGSLAGE, die Sie vorgefunden haben. Dazu gehört die Art des Unternehmens, die Branche, das Geschäftsmodell und welche Probleme das Unternehmen mit Ihrer Hilfe lösen wollte. Es ist das Pendant zur ersten Zeile in der Magnetprodukt-Arena (Kernprobleme).

Dann zeigen Sie die HERAUSFORDERUNGEN auf, mit denen Sie konfrontiert waren. Welche Anforderungen wurden an Sie gestellt? Mit welchen Herausforderungen waren Sie konfrontiert? Gab es besondere Hürden oder Konstellationen, die ein neues Denken und Vorgehen erforderten?

Im Anschluss beschreiben Sie Ihre VORGEHENSWEISE. Wie sah die Lösung aus und wie der Weg zur Lösung? Nennen Sie die einzelnen Schritte, Iterationsschleifen. Gab es besondere Formate wie Kreativworkshops o. Ä.? Was waren die Ergebnisse des Prozesses?

Am Ende erklären Sie, welchen NUTZEN das Unternehmen durch das Ergebnis hatte. Welche unternehmerischen ERFOLGE wurden erzielt? Was ging schneller, leichter oder vielleicht sogar zum ersten Mal?

Idealerweise stellen Sie Ihren Auftraggebenden am Ende jeder Zusammenarbeit die Frage nach dem unternehmerischen Erfolg. Das hat mehrere Vorteile: Zum einen reflektieren Ihre Auftraggebenden den Zusammenhang zwischen Designleistung und unternehmerischem Erfolg. Zum anderen bekommen Sie ein Testimonial. Das macht Ihre Erfolgsgeschichte glaubwürdig, nachvollziehbar und greifbar.

Ein paar schöne Bilder vom entwickelten Logo oder der neuen Webseite können die Geschichte illustrieren. Sie werden die Komplexität des Beratungsmandats nie ganz abbilden. Die Darstellung der eigenen Arbeit ist für Designerinnen und Designer, die zur gestaltenden Beraterin bzw. zum gestaltenden Berater werden wollen, eine der wichtigsten Baustellen. Das klassische Portfolio sollte ganz oben auf Ihrer Streichliste stehen.

Storytelling statt Akquise

Um Menschen bei Entscheidungen zu begleiten, brauchen Sie Formate, die Ihrer Zielgruppe regelmäßige Zeit und Raum geben, sich in Ihr Thema hineinzudenken. Blog oder Newsletter sind dafür geeignet.

Wenn Sie schreiben, sollten Ihre Texte nach Ihnen klingen. Das erfordert ein bisschen Übung. Nehmen Sie dazu Ihre beim WER des neuen Kundenversprechens gesammelten Attribute als Leitlinien. Lesen Sie Ihren geschriebenen Text laut vor oder lassen Sie ihn sich vorlesen. Hören Sie sich sprechen?

Setzen Sie auf reflektierende Fragen, provokante Aussagen, konkrete Beispiele und Storytelling. Das führt dazu, dass sich Ihre Leserinnen und Leser mit dem Thema gedanklich auseinandersetzen. So können diese eine bewusste Entscheidung treffen, Sie als Beraterin bzw. Berater zu beauftragen oder zu empfehlen.

Blog

Der Blog hat gegenüber dem Newsletter einige Vorteile: Er ist öffentlich zugänglich, d. h. jede/r Webseitenbesucher/in kann die Artikel jederzeit lesen, und Sie können über Google gefunden werden. Das bietet Ihnen die Möglichkeit, sich zu einem Thema auffindbar und erkennbar zu positionieren. Zudem können Interessierte Inhalte dann lesen, wenn sie es für passend halten, und nicht dann, wenn Sie sie versenden. Blogartikel werden auch eher über Social-Media-Kanäle geteilt als Newsletter.

Newsletter

Ihren Newsletter erhalten nur Menschen, die sich per Double-Opt-in bewusst entschieden haben, Ihre Gedanken zu einem ganz bestimmten Thema lesen zu wollen. Begegnen Sie diesem Vertrauensvorschuss mit nützlichem, persönlich geschriebenem Content. Sie sind mit einer E-Mail deutlich näher dran an den Menschen als mit einem Blogartikel, der über Google gefunden wird. Und näher dran ist das neue Alleinstellungsmerkmal, wie Sie wissen.

In der Kombination sind Blog und Newsletter ideal, um sich deutlich in den Köpfen und damit auf dem Markt zu positionieren.

Falls Sie nicht wissen, worüber oder wie Sie schreiben sollen, will ich Ihnen den Rat von Designer Robert Bree[20] ans Herz legen:

> »Es wird ja gesagt, dass du erst weißt, über was du schreiben möchtest, wenn du tatsächlich schreibst. Der Akt des Schreibens sollte einfach mehr in dein Leben integriert werden. Die Übung, Gedanken in Worte zu verwandeln, kann mühsam sein, wenn das Schreiben an sich zu viel Energie verbraucht. Bringe dich durch regelmäßiges Schreiben in die Position, sodass dein Organismus den Akt an sich automatisiert wie per Autopilot erledigt. Denn dann können deine wahren Ideen fließen und deine wertvollen Erfahrungen, die tief in dir schlummern, in Worte formuliert werden. Im Klartext bedeutet es, dass du regelmäßig schreiben solltest und dabei ist es egal, über was du schreibst. Fang einfach an, der erste Schritt ist schon die Hälfte.«

Social Media

Social-Media-Tools wie Facebook, Twitter, Instagram oder Youtube sind eine wichtige Ergänzung, um sich als Expertin bzw. Experte zu positionieren und sich mit Gleichgesinnten zu vernetzen. Ein gut gepflegter Kanal hilft anderen Menschen, sich ein Bild von Ihnen als Beratungspersönlichkeit zu machen. Wie so oft gilt auch hier die Regel: Weniger ist mehr. Sie brauchen nicht auf allen Hochzeiten zu tanzen.

Auf einen Espresso: »Twitter als Flurfunk«

Ich vergleiche meine virtuellen Gespräche auf Twitter mit den Gesprächen am Kaffeeautomaten in einem Unternehmen. Ich vertiefe mich dort selten in komplexe Themen, nehme aber dankbar neue Impulse und Ideen mit oder freue mich einfach, dass man sich mal wieder »sieht«. Oft teile ich meine Learnings oder stelle Fragen an meine Community. Ich treffe auf neue Expertinnen und Experten, deren Inhalte mich weiterbringen. Aus diesen vermeintlich flüchtigen Begegnungen sind schon viele Empfehlungen und Aufträge resultiert – sei es als Speakerin, Gastautorin in Magazinen oder Blogs oder für eine Beratung.

Webinare

In einem Webinar erklären Sie in Wort und Bewegtbild, ähnlich wie in einem Vortrag oder einem Youtube-Tutorial, ein spezielles Thema. Webinare haben gegenüber einem Video-Tutorial auf Youtube einen großen Vorteil: Sie transportieren erklärungsbedürftige Inhalte live und können mit den Teilnehmerinnen und Teilnehmern persönlich interagieren. Sie könne über Fragen herausfinden, wo diese stehen und wo Bedenken sind. Sie sind als Mensch mit Ihrer Expertise greifbar. Das stärkt das Vertrauen. Da sich die Teilnehmerinnen und Teilnehmer zum Webinar anmelden, wissen Sie über Ihr Publikum mehr als beispielsweise bei einem Vortrag und haben die Kontaktdaten.

Whitepaper

Ein Whitepaper ist ein Dokument, in dem Sie schriftlich alle wesentlichen Aspekte zu einem bestimmten Thema aufbereitet haben, z. B. zur strategischen Bedeutung von Design für den Unternehmenserfolg oder wie Designkompetenzen helfen, Prozesse kundenzentrierter zu gestalten. Whitepaper können Sie gegen E-Mail-Adresse und weiteren Kontaktinformationen auf Ihrer Webseite zum Download bereitstellen. Sie sind eine ideale Ergänzung zu Webinaren.

Analoge Formate

Neben den digitalen Kommunikationskanälen gibt es auch wichtige analoge. Für Beraterinnen und Berater sind drei Formate besonders interessant: Netzwerkveranstaltungen, Konferenzen und Vorträge. Ideal in Kombination.

Netzwerkveranstaltungen sind das Twitter unter den analogen Formaten: Meist bleibt es eher eine flüchtige Begegnung, man tauscht Visitenkarten. Der Vorteil gegenüber Twitter: Sie müssen sich bei Ihren Sätzen nicht auf 280 Zeichen beschränken und Sie stehen einander live und in Farbe gegenüber. Meine Empfehlung: Das Beste, was Sie mitgeben können, ist ein bleibender Eindruck und eine hochwertige Visitenkarte. Letztere nützt ohne Ersteres allerdings nichts. Wie Sie einen bleibenden Eindruck hinterlassen: Geben Sie eine Frage oder einen Gedanken mit, der für Ihre Gesprächspartnerin oder Ihren Gesprächspartner vollkommen neu ist, indem Sie eine besonders anschauliche Geschichte erzählen. Wenn Sie Ihr Gegenüber zum Lachen oder zum Staunen bringen, haben Sie gewonnen.

Vorträge sind immer noch eine der wirksamsten Möglichkeiten, sich als Expertin oder Experte zu vermarkten. Sich als Speakerin oder Speaker zu einem Thema positionieren, klappt sehr viel einfacher, wenn Sie woanders schon nachweisbar Expertise gezeigt haben. Hier hilft wieder das Bloggen.

Barcamps sind ein großartiges Format, um sich mit Ihrem Thema oder auch Prototyp einem größeren Publikum zu präsentieren. Die Teilnehmerinnen und Teilnehmern von Barcamps zeichnet eine große Offenheit und Neugierde aus. Meist sind die Sessions interaktiv, sodass Sie mit gutem Feedback nach Hause fahren können.

Nun fragen Sie sich wahrscheinlich: Wann und wie soll ich das alles machen? Muss ich wirklich bloggen, Newsletter schreiben, auf Twitter sein und Vorträge halten? Vielleicht sind Sie wie viele Designerinnen und Designer eher introvertiert, und es fällt Ihnen schwer, sich zu zeigen und dann noch selbstbewusst Position zu beziehen. Dann ist das besonders herausfordernd.

Was wäre die Alternative? Wenn Sie nicht darüber sprechen, welch wertvollen Nutzen Design und damit Sie als gestaltende

Beraterin und gestaltender Berater für die Unternehmen bieten können, werden diese auch nicht auf die Idee kommen, Sie zu beauftragen.

Die Customer Journey ist eine bewährte Herangehensweise, um herauszufinden, welche Themen, Formate und Kanäle für Ihre potenziellen Auftraggebenden besonders wichtig sind. Sie hilft Ihnen, zu priorisieren und sich zu motivieren. Denn Sie werden wissen, wann welche Botschaft wo wichtig ist, um sich als gestaltende Beraterin bzw. gestaltender Berater mit Ihrem einzigartigen Angebot ganz vorne zu positionieren.

Customer Journey: Die richtige Geschichte zur richtigen Zeit am richtigen Ort

Die Customer Journey Map ist für mich auf der Ebene SAGEN das wertvollste Werkzeug, um die eigene Kommunikationsstrategie zu erarbeiten. Weil sie aufzeigt, wie lange und wie vielschichtig Entscheidungsprozesse bei Kaufentscheidungen sind.

Es gibt keine Quickwins. Weder für erfahrene Berater/innen noch für Einsteiger/innen.

Für Ihre erfolgreiche Positionierung als gestaltende Beraterin bzw. als gestaltender Berater ist es sehr wichtig zu wissen:

> Was genau führt dazu, dass sich eine Geschäftsführerin oder ein Geschäftsführer dafür entscheidet, vertrauensvoll eine externe Beraterin oder einen externen Berater hinzuzuziehen?
> Wie und wo informiert sie/er sich?
> Welche Kriterien sind bei der Auftragsvergabe wichtig?
> Was hat sie/er gehört, gesehen, gelesen, erlebt, dass der Faktor Design bei ihr/ihm auf der Leiter über das weitverbreitete Verständnis »etwas schön machen« hinaus geht?
> Wann und wie ist ihr/ihm klar geworden, dass die Kompetenzen von Designerinnen und Designern hilfreich sind, wenn es darum geht, Prozesse oder gar die Strategie neu zu gestalten?
> Wie ist sie/er auf Sie gekommen?

> »Customer Journey Map« siehe Toolbox SAGEN S. 143

Die potenziellen Antworten erarbeiten Sie sich mit der Customer Journey Map. Sie ist als sehr einfache Tabelle aufgebaut, die in Spalten die einzelnen Phasen abbildet, die eine Persona durchläuft, bis sie sich für einen Kauf bzw. die Beauftragung entscheidet. In Zeilen halten Sie fest, was Ihre potenzielle Auftraggeberin, Ihr potenzieller Auftraggeber denkt, macht, fühlt und sagt, wo er/sie sich informiert, mit wem er/sie kommuniziert. Weil es darum geht, sich in die Persona hineinzuversetzen und die emotionale Komponente und das Verhalten der jeweiligen Persona nachzuempfinden, wird sie auch Customer Experience Map oder Customer Empathy Map genannt.

Die Gliederung in die einzelnen Schritte ist wichtig, um sich das unterschiedliche Informations- und Entscheidungsverhalten der Persona zu den jeweiligen Zeitpunkten vor Augen zu führen. Wenn ein Problem das erste Mal auftaucht, denken und fühlen Ihre Wunschauftraggeber und -geberinnen etwas völlig anderes als in dem Moment, in dem sie mit Ihnen persönlich über die Einzelheiten eines möglichen Beratungsmandats sprechen.

Die Auftragsanbahnung im Beratungsgeschäft gliedert sich in sieben Phasen. Sie sehen, wie vielschichtig der Entscheidungsprozess auf Seiten Ihrer Auftraggeberschaft ist.

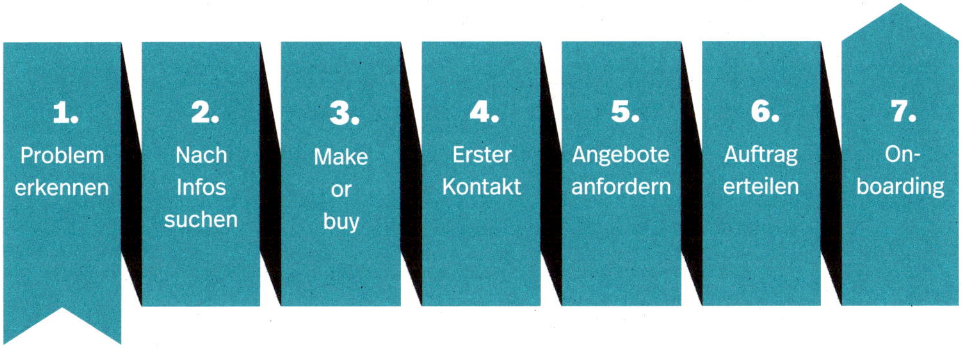

Sieben Phasen der Auftragsanbahnung im Beratungsgeschäft

Auf Basis der Customer Journey Map können Sie passend zu den einzelnen Entscheidungsschritten erarbeiten, was Sie wo wie am besten kommunizieren. Für jedes Momentum kreieren Sie gezielt vertrauensverankernde Erlebnisse, um einen bleibenden Eindruck zu hinterlassen. Man nennt das »Cue Management« oder auch »Customer Experience Management«.

Ziel ist es, möglichst früh und möglichst schnell eine vertrauensvolle und belastbare Beziehung zur Entscheiderin bzw. zum Entscheider aufzubauen und zu halten – auch über die Zusammenarbeit hinaus. Das ist wichtig, weil es leichter ist, eine bestehende Kundin bzw. einen bestehenden Kunden wieder für sich zu gewinnen als eine/n neuen. Und weil zufriedene Auftraggeberinnen und Auftraggeber sehr viel wahrscheinlicher Empfehlungen aussprechen.

Die Customer Journey verläuft in der Realität nicht so linear, wie oben abgebildet. Gerade am Anfang kann es ein Vor und Zurück geben.

Dazu ein Beispiel:

Phase 1 »Problem erkennen«:

Bei Ihrer Wunschauftraggeberin Frau Meier, Geschäftsführerin eines mittelständischen IT-Dienstleisters, landen zunehmend Kundenbeschwerden. Im Reporting erkennt sie rückläufige Auftragszahlen. Ein Geschäftsbereich, der lange ein Selbstläufer war, ist nicht mehr so erfolgreich. Ein wichtiger Vertriebsmitarbeiter des rückläufigen Geschäftsbereichs ist zur Konkurrenz abgewandert. Sein Nachfolger schafft nicht die gleichen Verkaufszahlen. Frau Meier gibt dem neuen Mitarbeiter die Chance, sich zu verbessern und beobachtet die Entwicklung.

Diese Phase kann lange dauern. Ich denke, es ist zutiefst menschlich, Probleme erst einmal aussitzen zu wollen. Haben Sie an dieser Stelle Geduld mit den Unternehmerinnen und Unternehmern, die auch nur Menschen sind. Sie wissen, dass sie das, was Sie können, nicht alleine lösen können, da ihnen die Erfahrung im Design Thinking und Doing fehlt. Außerdem sind sie Teil des komplexen Systems und brauchen in kritischen Phasen den neutralen Blick von außen.

Phase 2: »Informationen suchen«

Als sich die Lage nicht verbessert, fängt Frau Meier an, Ursachenforschung zu betreiben. Sie schaut genauer auf das Reporting und beobachtet die Konkurrenz intensiver. Sie stellt fest, dass die

Konkurrenz ein neues Produkt anbietet. Sie hält es allerdings nicht für besser als das eigene. Es ist einfach nur neu.

Phase 3: »Selbst oder mithilfe von außen lösen «

Erster Lösungsversuch: Frau Meier beauftragt eine Texterin, um deutlicher herauszustellen, was das eigene Produkt besser kann als das des Mitbewerbers oder der Mitbewerberin.

Zurück zu Phase 1: »Problem erkennen«

Nach einer Weile kann Frau Meier das Problem klar eingrenzen: Die Entscheidungsprozesse und Anforderungen auf Kundenseite haben sich verändert. Die Konkurrenz hat hier schneller reagiert. Darauf ist sie mit ihrem Unternehmen nicht eingestellt.

Erneut Phase 2: »Informationen suchen«. Fällt zusammen mit Phase 3: »Problem mithilfe von außen lösen«

Frau Meier ist klar, dass sie dieses Problem nicht alleine lösen kann. Sie macht sich gezielt auf die Suche nach einer Beratung, um die Situation strategisch und systematisch anzugehen. Frau Meier möchte keine klassische Unternehmensberatung, die aus rein betriebswirtschaftlicher Perspektive auf ihr Unternehmen schaut. Ihre Zahlen kennt sie gut genug. Sie weiß, dass es an dieser Stelle kontraproduktiv wäre, sich »gesund« zu sparen. Sie will mehr Kundennähe. Sie erinnert sich an einen Vortrag bei der letzten Fachkonferenz. Es ging um das Design von kundenzentrierten Prozessen. Sie waren die referierende Beraterin bzw. der referierende Berater und hatten einen kompetenten Eindruck bei Frau Meier hinterlassen. An Ihren Namen kann Sie sich nicht mehr erinnern. In ihrem Maileingang sucht sie deshalb die im Nachgang versendeten Vortragsunterlagen. Dort findet sie Ihren Namen und die Kontaktdaten.

Diese ersten drei Phasen können mehrere Monate dauern. Je öfter Ihr Name fällt, desto besser. Das können Sie befördern, indem Sie genau auf die Probleme und Bedürfnisse in dieser frühen Phase zugeschnittenen Content in Form von Blogartikeln, Newsletter, Whitepaper, Webinare haben und sehr gut vernetzt sind.

Phase 4: »Erster persönlicher Kontakt«

Frau Meier besucht Ihre Webseite. Durch das Foto von Ihnen auf der Startseite kann sie sofort die Verbindung herstellen. Was sie liest, spricht sie an. Auf der Angebotsseite kann sie anhand Ihres Magnetprodukts ohne Probleme Ihre Vorgehensweise und den Nutzen Ihrer Beratung ableiten. Sehr gut findet sie die Case Study. Die Geschichte, die Sie dort erzählt haben, zeigt ihr, dass ihr Problem lösbar ist. Ihr gefällt, wie ehrlich Sie gezeigt haben, mit welchen Herausforderungen sie zu rechnen hat und dass die Neugestaltung der Organisation hin zu mehr Kundenorientierung nicht so schnell geht wie erhofft. So hat sie ein realistisches Szenario vor Augen und ist sich sicher, dass Sie nicht das Blaue vom Himmel versprechen. Auf der Über-mich-Seite sieht sie, dass Sie sich ehrenamtlich bei einem Verein engagieren, mit dessen Mission sie sich gut identifizieren kann. Das alles fühlt sich stimmig an. Sie machen den Eindruck, als wüssten Sie genau, wovon Sie sprechen. Frau Meier schreibt Ihnen eine E-Mail. Jetzt soll es schnell gehen.

Durch die Customer Journey wird auch deutlich, wie informiert und teilweise entschieden Menschen bereits sind, wenn sie auf der Startseite Ihrer Webseite landen. Jetzt geht es darum, diese Erwartungen zu erfüllen. Die potenziellen Auftraggebenden wollen sehr genau wissen, wer Sie sind, wie Sie arbeiten, warum Sie so arbeiten, wie sie arbeiten. Deshalb: Fassen Sie sich auf keinen Fall zu kurz. Sprechen Sie Ihre Zielgruppe direkt an.

Phase 5: »Angebot anfordern«

Sie haben die Anfrage von Frau Meier per E-Mail bekommen und rufen sie innerhalb von 24 Stunden an. Sie nehmen sich Zeit, um ihr Anliegen anzuhören, stellen an der einen und anderen Stelle Rückfragen zur Ausgangssituation, zu ihren Problemen und Bedürfnissen. Klären ihre Ziele. Beschreiben Ihre Vorgehensweise. Wenn keine Fragen mehr offen sind, besprechen Sie das finanzielle Invest.

Ihren Preis nennen Sie in Verkaufsgesprächen so spät wie möglich. Idealerweise haben Sie bereits alle anderen Aspekte geklärt und schon erste Termine ins Auge gefasst, bevor Sie das erste Mal über Geld sprechen. So wissen Sie, dass Ihre potenzielle Auftraggeberin oder Ihr potenzieller Auftraggeber wirklich an der Zusammenarbeit interessiert ist und nicht nur ein Vergleichsangebot einholt.

Phase 6: »Auftrag erteilen«

Frau Meier hat Ihr Angebot erhalten und sich mit ihrer Marketing- und Vertriebsabteilung besprochen. Die Führungsmannschaft spricht sich ebenfalls für die Beauftragung aus. Es folgt eine Phase der Terminabstimmung. Die Zeit drängt. Frau Meier ist eine Frau der Tat und will das Thema nun endlich angehen.

Der Faktor Zeit und das spezifische Know-how spielen bei der Beauftragung oft die größere Rolle als das finanzielle Invest. Wenn verschiedene Mitarbeiter/innen von verschiedenen Standorten unter einen Hut gebracht werden müssen, ist die Terminfindung oft die größte Herausforderung.

Phase 7: »Onboarding«

Direkt nach der Beauftragung senden Sie den Analysefragebogen an Frau Meier und das Team. Das verstärkt das Gefühl, dass der Beratungsprozess unmittelbar startet, auch wenn es bis zum ersten Workshop mit dem Team noch ein paar Wochen hin ist.

Auf einen Espresso: »Der Zufall arbeitet viel verlässlicher, wenn man ihm auf die Sprünge hilft.« – Henryk Bereska

Die ungewöhnlichste Customer Journey, die ich bislang mit einer Auftraggeberin erlebt habe, lief wie folgt ab: Sie schlug das Workshop-Programm ihres Berufsverbands auf und entdeckte einen Workshop von mir. Der Titel sprach sie sofort an. Es war genau das, was sie jetzt brauchte. Der Termin war allerdings noch in weiter Ferne. Außerdem schwebte ihr eine individuelle Beratung vor, kein Gruppenworkshop. Sie las den Namen und erinnerte sich, dass wir beinahe ein Jahr zuvor gemeinsam in einem Retreat gewesen waren. Sie erzählte Ihrem Mann davon, der gegenübersaß. »Martschenko? Der Name sagt mir doch etwas!« Er zeigte seiner Frau die Zeitschrift, die er gerade las. Darin ein Interview mit mir. Das kann kein Zufall sein, dachte sich meine Auftraggeberin, ging auf meine Webseite, sah sich die Referenzen an und griff zum Hörer. Wir klärten alle Details. Es war der Auftakt zu einer vertrauensvollen Zusammenarbeit.

Letztlich war das alles ein großer Zufall, aber auch das Ergebnis guter Arbeit in Verbindung mit gut gepflegten Beziehungen: Das Retreat veranstalteten Auftraggeber und -geberinnen von mir. Ich nahm teil, weil ich einen Einblick in ihre Arbeit bekommen wollte. Sie hatten auf Nachfragen eine Empfehlung für mich ausgesprochen. In dem Programmheft war ich, weil die Seminarkoordinatorin in einem meiner Workshops gewesen war und meine Expertise und Art, Workshops zu moderieren, schätzte. Zudem hatte ich ihr wertvolle Empfehlungen zu anderen Referentinnen gegeben. Das hat ihr sehr viel Zeit gespart. In die Zeitschrift kam ich durch mein ehrenamtliches Engagement.

> » Customer Journey Map « siehe Toolbox SAGEN S. 143.

In der Toolbox finden Sie eine Anleitung, wie Sie Ihre eigene Customer Journey Map erstellen. Daraus können Sie ableiten, in welcher Reihenfolge Sie Ihre Kommunikationskanäle mit welchen Inhalte idealerweise bespielen.

Im Gespräch bleiben: Fünf vertrauensverankernde Erlebnisse

Nun haben Sie jede Menge Kästchen gefüllt und sich tief hineingedacht und -gefühlt in die Mikromomente der Customer Journey Ihrer idealen Auftraggeberin oder Ihres idealen Auftraggebers. Wie sollen Sie diese nun mit Leben füllen? Was können positive Reize sein?

Sie erinnern sich an das Zitat von Jeff Bezos: »Marke ist das, was andere über dich sagen, wenn du nicht im Raum bist.« Im Idealfall sagen andere genau das über uns, was wir wollen.

Damit Menschen positiv über eine Marke sprechen, müssen sie sie wahrnehmen und sich erinnern. Damit sie sich an etwas erinnern, müssen sie diesem vorher Aufmerksamkeit geschenkt haben.

Dies tun sie, wenn sie erleben, dass die Absenderin / der Absender:

- echt und glaubwürdig ist
- ihre / seine Haltung konsequent vertritt
- konsistent in verschiedenen Kontexten bei unterschiedlichen Menschen ähnliche Assoziationen weckt
- als relevant wahrgenommen wird
- Emotionen auslöst

Marke ist stellvertretend für ein Thema, eine bestimmte Idee oder andere Menschen gemeint. Im Folgenden will ich diese fünf Erlebnisse auf die Situation der gestaltenden Beraterin bzw. des gestaltenden Beraters anwenden.

Sie werden als Beraterin und Berater als ECHT und GLAUBWÜRDIG wahrgenommen, wenn Außenstehende nachvollziehen können, welcher Mensch, welche Werte, welche Beratungspersönlichkeit hinter dem Angebot stecken. Der »Nasenfaktor«, sprich ob Sie vom Typ her zu den für die Auftragsvergabe Verantwortlichen passen oder nicht, spielt eine wichtige Rolle. Am Ende ist es tatsächlich Ihre Ausstrahlung, die den Ausschlag geben kann. Wenn die »Chemie« stimmt, ist das der stärkste Vertrauensanker überhaupt. Glaubwürdig sind Sie, wenn Sie leben, was Sie »predigen«. Wenn Sie nichts versprechen, was Sie nicht halten können. Eine zentrale Rolle spielt hier die Kompetenzvermutung. Eine Beratungsleistung ist wie eine Katze im Sack. Die potenziellen Auftraggebenden können im Vorfeld nur vermuten, dass Sie in der Lage sein werden, beim Beantworten zentraler Fragestellungen helfen zu können. Diese Kompetenzvermutung muss genährt werden.

Referenzen, Onlinebewertungen oder persönliche Empfehlungen stärken Vertrauen – keine Frage. Aber sie sind nicht das Entscheidende, sonst könnte nie ein neues Unternehmen mit einer neuen Idee erfolgreich sein. Kompetenz wird auch nicht dadurch vermittelt, dass Sie besonders viele Fachbegriffe verwenden. Ich finde es geradezu erschreckend, wie viele Trainer/innen, Berater/innen und Coachs ihre Webseiten mit Substantiven pflastern, die Kompetenz vermitteln sollen und dabei gar nichts bei den Leserinnen und Lesern auslösen. Um kompetent zu wirken, braucht es viel weniger: Es genügt, selbstbewusst und authentisch in klarer Sprache über die eigene Arbeit zu sprechen. Zeigen Sie sich, wie Sie sind, und Sie werden als kompetent und glaubwürdig gelten.

Werden Sie eine KONSTANTE in einer sich schnell verändernden Welt, quasi ein Ruhepol oder ein Leuchtturm inmitten der VUKA-Welt (VUKA = Abkürzung für Volatilität, Unsicherheit, Komplexität, Ambiguität). Das passiert, wenn Menschen ganz klar einordnen können: Wer Sie sind, was Sie können, für wen Sie gut und gerne arbeiten und wie Ihre Haltung zu ganz bestimmten Themen ist. Warum und wozu Sie tun, was Sie tun.

Sich klar zu positionieren, heißt, dass man Sie im Vergleich zu anderen einordnen kann. Im Marketing spricht man hier auch von Differenzierung. Dafür müssen Sie weder besonders originell, außergewöhnlich bekannt oder überdurchschnittlich schlau sein. Das kann helfen, ist aber nicht zwingend notwendig, um als gestaltende Beraterin und gestaltender Berater auf dem Beratungsmarkt Fuß zu fassen. Wichtig ist, dass Sie im Gehirn Ihrer potenziellen Zielgruppe oder Empfehlerinnen und Empfehlenden in der richtigen Schublade landen. Hier hilft das Magnetprodukt, eine klare Kommunikation, stimmiges Handeln und ein eindeutiges WARUM.

Auch an dieser Stelle will ich noch einmal auf die Bedeutung Ihres WARUMs hinweisen. Das eigene WARUM hat das höchste Identifikations- und Differenzierungspotenzial. Es ist immer eine Mischung aus persönlichen Erlebnissen, fundierten Erfahrungen und dem eigenen Charakter. Aus Ihrem WARUM heraus können Sie zu jedem Thema Ihres professionellen Schaffens Position beziehen. Sie werden immer glaubwürdig und eindeutig einzuordnen sein.

Neben Ihrer Persönlichkeit ist Ihre Haltung zu den Themen, die Ihre Auftraggeberinnen und Auftraggeber umtreiben, wichtig. Wenn diese genau wissen, was sie in der Zusammenarbeit mit Ihnen erwarten können, fördert das unmittelbar das Vertrauen.

Die dritte Dimension des Erlebens ist der Faktor Stimmigkeit. Als KONSISTENT werden Sie wahrgenommen, wenn Sie in verschiedenen Kontexten bei unterschiedlichen Menschen ähnliche Assoziationen wecken. Egal, ob Menschen Sie via Facebook, Webseite, Vortrag oder im persönlichen Treffen kennengelernt haben, werden sie, wenn sie sich begegnen und über Sie sprechen, einen ähnlichen Eindruck teilen. Bevor Unternehmen Aufträge vergeben, erleben sie durchschnittlich neun bis elf Kontaktpunkte (neudeutsch Touchpoints), bevor sie Sie in eine eindeutige Schublade packen können. Diese Stimmigkeit lässt sich zum Teil durch ein stringentes visuelles Erscheinungsbild erzeugen. Zudem ist es wichtig, sich kontinuierlich mit der eigenen Idee, dem eigenen Thema, seinem WARUM und WOZU ins Gespräch zu bringen, sei es durch Blogbeiträge, Vorträge oder Besuche von Netzwerkveranstaltungen.

Sie werden als Beraterin oder Berater empfohlen und beauftragt, wenn Sie als RELEVANT eingestuft werden, als jemand, der in der Lage ist, in einer ganz bestimmten Situation für eine ganz bestimmte Gruppe von Menschen einen Mehrwert zu liefern. Nicht nur mit Ihrem Angebot, sondern auch durch bedarfsgerechte Kommunikation vor der Auftragsanbahnung in allen Phasen der Customer-Journey. Je größer die Investitionssumme, desto länger die Entscheidungsphase, weil genau hingeschaut wird, ob sich das Investment lohnt und weil mehr Menschen am Entscheidungsprozess beteiligt sind. Als relevant werden Sie eingestuft, wenn Sie vom ersten Moment der Problembewusstwerdung bei einer möglichen Auftraggeberin oder einem möglichen Auftraggeber (Google hat hierfür den Ausdruck »Zero Moment of Truth« geprägt) über den ersten direkten persönlichen Kontakt hinaus (»First moment of truth«) bis zur Zusammenarbeit (»Second moment of truth«) Mehrwert bieten.

Je früher und näher Sie an den Bedürfnissen Ihrer Zielgruppe dran sind, desto weniger Konkurrenz haben Sie später, wenn es um die tatsächliche Auftragsvergabe geht. Gerade weil noch kaum jemand das Berufsbild der gestaltenden Beraterin bzw. des gestaltenden Beraters kennt, ist es wichtig, sich direkt an die Fersen Ihrer Wunschauftraggeberinnen und -auftraggeber zu heften. Mit Ihrer Customer Journey Map haben Sie herausgefunden, was sie motiviert, eine gestaltende Beraterin bzw. einen gestaltenden Berater zu beauftragen, und zur Lösung welcher Probleme sie das tun.

Zu guter Letzt muss Ihre Kommunikation EMOTIONEN AUSLÖSEN. Auch im B2B-Bereich sind strategische Entscheidungen Bauchentscheidungen. Nur dass dazu im Nachgang Zahlen, Daten und Fakten gesucht werden, um das Gefühl zu bestätigen. Mit Emotionen meine ich nicht, dass alle glücklich und euphorisch sein müssen. Beratung zu verkaufen, ist etwas völlig anderes, als eine Urlaubsreise zu bewerben. Es ist wichtig zu wissen, was Ihre Auftraggeber und Auftraggeberinnen in allen Phasen der Customer Journey denken, sagen, machen und eben fühlen. Sind sie besorgt, verärgert, verunsichert, euphorisch, motiviert, eingeschüchtert? Das gilt es herauszufinden und zu adressieren.

Wenn Sie andere am eigenen Denken und Fühlen teilhaben lassen, lösen Sie ziemlich sicher Emotionen aus. Erzählen Sie in Ihren Blogartikeln, Newslettern oder Vorträgen, worüber Sie sich ärgern, was Ihnen zuletzt große Freude bereitet hat, welche aktuellen Geschehnisse Ihnen Sorgen oder Hoffnung machen, wofür Sie dankbar sind. Wir brauchen kein großes Gefühlskino, es sind die vielen kleinen geteilten emotionalen Momente, die zu guten Gesprächen und mit der Zeit zu guten Beziehungen führen.

SAGEN Zusammenfassung

Je mehr Sie sich den Schritt zur gestaltenden Beraterin bzw. zum gestaltenden Berater zutrauen, umso mehr vertrauen Ihnen andere. Und umgekehrt. Dieses Vertrauen gibt es nicht geschenkt. Es baut sich mit der Zeit auf.

Mit Ihrem neuen Kundenversprechen nehmen Sie für Ihre potenziellen Auftraggeberinnen und -geber sowie Empfehlenden Form und Farbe an.

Anhand Ihrer Customer Journey Map gestalten Sie eine neue Art der Kommunikation, die sich an das Informations- und Entscheidungsverhalten ihren Wunschauftraggebenden anpasst.

Sie wissen, wie Sie die unterschiedlichen analogen und digitalen Kommunikationskanäle nutzen, um das Vertrauen Ihrer Zielgruppe und damit letztlich Aufträge als gestaltende Beraterin und als gestaltender Berater gewinnen.

Das Ziel aller Gespräche ist, dass andere anfangen, über Sie zu sprechen. Das tun sie, wenn sie mit Ihnen und Ihrer Idee fünf Dinge verbinden: Sie kommen echt und glaubwürdig herüber, vertreten eine bestimmte Haltung konsequent und stimmig, werden als jemand wahrgenommen, die einen nachvollziehbaren Mehrwert für Unternehmen liefert, und lösen Emotionen aus.

TOOLBOX SAGEN

- 5-W-METHODE
- SLOGANWERKSTATT
- CUSTOMER JOURNEY MAP

5-W-Methode – Das ehrliche Kundenversprechen

> Ihr neues Kundenversprechen S. 112

Wozu: Ihre erfolgreiche Positionierung auf dem Beratungsmarkt steht und fällt mit Ihrem Nutzenversprechen an die Welt. Versprechen verstehe ich im Sinne einer Absichtserklärung. Es ist Ihre Antwort auf die Frage: »Was machen Sie beruflich?« und die Kernaussage Ihrer Website. Die Leitfrage, um das Versprechen zu formulieren, lautet: Wer macht was für wen, wozu und warum? Es sind die zentralen W-Fragen, die alle potenziellen Auftraggeber/innen, Geschäftspartner/innen und andere Interessierte früher oder später stellen.

Anwendung: Beantworten Sie die nachfolgenden W-Fragen. Das ist der Moment, wo alles, was Sie bisher erarbeitet haben, zusammenfließt.
WER: Das Wer befasst sich mit Ihrem Namen, Ihrem Beruf, Ihrer Persönlichkeit. Orientieren Sie sich an den Ergebnissen der »Love Shower« auf der Ebene SEIN (siehe Toolbox S. 62).
WAS: Hier kommt Ihr Magnetprodukt ins Spiel. Das ist die Mitte Ihrer Magnetprodukt-Arena, der Prototyp Ihres gestaltenden Beratungsangebots (siehe Toolbox HABEN S. 103).
FÜR WEN: Beschreiben Sie Ihre idealen Auftraggeberinnen und Auftraggeber. Nutzen Sie dafür das Auftraggeber-Profiling und die obere Hälfte Ihrer Magnetprodukt-Arena, in der Sie die typischen Probleme und Bedürfnisse genannt haben, mit denen Unternehmen auf Sie zukommen.
WOZU: Das ist die Zeile mit den Kernnutzen Ihrer Magnetprodukt-Arena.
WARUM: Hier schreiben Sie Ihre drei Kernkompetenzen und Ihr WARUM.

Hürde: In einer ersten Version ist das ehrliche Kundenversprechen oft sehr lang. Erlauben Sie sich, erst einmal ausführlich zu sein. Straffen und verdichten können Sie dann immer noch. Manchmal kann es auch helfen, die Reihenfolge der W-Fragen zu verändern. Das sehen Sie im Beispiel unten.
Falls Sie sich schwertun, Ihre Gedanken schriftlich in Worte zu fassen, bitten Sie jemanden, Ihnen die W-Fragen zu stellen und Ihre Antworten mitzuschreiben.

Und dann? Nehmen Sie die Textbausteine zu den W-Fragen und finden Sie Zwischenüberschriften dazu – schon haben Sie die perfekte Startseite für Ihre neue Positionierung. Sorgen Sie sich nicht, wenn Ihr Text lang ist. Interessierte Menschen wollen gerne mehr wissen. Wichtig ist, dass das, was Sie erzählen, nicht langweilig oder beliebig ist. Lassen Sie Ihr Versprechen nach Ihnen selbst klingen, nicht nach einer Werbebotschaft. Das macht Sie glaubwürdig, ansprechend, einzigartig. Verdichten Sie Ihr Kundenversprechen in einem Slogan. (Siehe »Sloganwerkstatt« in Toolbox SAGEN S. 142)

Mag-ich-Moment: Die eigene neue Positionierung auf einem Din-A4-Blatt verdichtet zu sehen.

Ein Beispiel, wie das aussehen kann

Sie erinnern sich vielleicht noch an Grafikdesignerin Annika Lewin bei der »Fünfmal-Warum-Methode«. Hier sehen Sie, wie sie die fünf W-Fragen in Anlehnung an ihr WARUM beantwortet hat. Sie hat daraus den Text für ihre Startseite gemacht. Die Antworten auf die W-Fragen hat sie um ein WIE und WOZU ergänzt.

WARUM: Ich möchte einen Unterschied machen.
Schlechte Werbung oder nicht zu Ende gedachte Konzepte nerven und sprechen niemanden an. Ich möchte da einen Unterschied machen, möchte Dir helfen, nicht die gleichen Trampelpfade wie alle anderen zu nehmen, nur »weil man das so macht«, denn ausgetretene Trampelpfade führen nicht in die Köpfe und Herzen Deiner Kunden.

WAS: Ich gestalte etwas, das bleibt, wenn Du schon längst weg bist.
Ich möchte, dass Du positiv in den Köpfen Deiner Kunden bleibst, dass sie sich mit ihren Problemen und Wünsche von Dir verstanden fühlen und sich für Dich entscheiden. Deshalb gestalten wir gemeinsam Dein Corporate Design, Deine nächste Imagebroschüre oder die neue Verpackung für Dein Produkt so, dass sie einen Eindruck hinterlassen, der noch bleibt, wenn Du gar nicht mehr da bist. Deine Botschaft, Deine Werte sollen glasklar rüberkommen, denn so erleichterst Du Deinen Kunden die Entscheidung für Dich.

FÜR WEN: Für Leute, die so ehrlich rüberkommen wollen, wie sie in echt sind. Falsche Versprechen und verschwurbelte Marketingaussagen braucht keiner. Ich selbst bin eine ehrliche Haut und mich nervt so etwas tierisch. Deshalb helfe ich Dir dabei, so authentisch rüberzukommen, wie Du wirklich bist, dass Deine Botschaft, Deine Versprechen auch wirklich so beim Kunden ankommen, wie Du sie fühlst und meinst. Das sorgt für Vertrauen in Dich und Deine Fähigkeiten.

WIE: Immer im Gespräch. Am Anfang reden wir ausführlich miteinander – da gibt es eigentlich kein zu viel. Je mehr ich über Dich und Dein Unternehmen weiß, desto passender fällt die Lösung aus. Aber auch während des Projekts bleiben wir ständig in Kontakt, ich habe immer ein offenes Ohr für Deine Fragen und Vorschläge. So weißt Du zu jeder Zeit, wie der Stand der Dinge ist und kannst Dich entspannt auf das Ergebnis freuen.

WOZU: Kurz zusammengefasst: Vier gute Gründe für unsere Zusammenarbeit.

1. Die Kunden, die Du haben möchtest, fühlen sich angesprochen.
2. Du bleibst positiv in den Köpfen, auch wenn Du nicht da bist.
3. Du wirst als der Profi/Experte wahrgenommen, der Du wirklich bist.
4. Deine authentische und ehrliche Botschaft sorgt für das Vertrauen Deiner Kunden.

Sie merken, all das klingt überhaupt nicht spektakulär und ist noch nicht einmal besonders kurz. Das muss es auch gar nicht sein. Spektakulär wird es, wenn es ins Herz der Auftraggebenden trifft. Drei Monate nachdem der Beratungsprozess abgeschlossen war, schrieb Annika mir: »Seitdem wir beide an meinem Business gearbeitet und die Texte optimiert haben etc. hagelt es Aufträge! Ich bin völlig baff und freu mich so. Und es sind auch alles richtig coole Kunden und Projekte.«

Sloganwerkstatt – Ihr Kundenversprechen kurz und knackig

› Das ehrliche Kundenversprechen S. 112

Wozu: Assoziationen bei Menschen zu wecken. Sie mit allen Sinnen in Wort und Bild anzusprechen, ist eines der stärksten Mittel im Bereich Marketingkommunikation. Das gilt ganz besonders für den eigenen Slogan.
Die bisherigen Tools waren sehr verkopft. Bei der Sloganwerkstatt geht es darum, sich auf einer assoziativen Ebene dem eigenen Angebot zu nähern, um neue Begriffe, Worte und Bilder für das zu finden, was Sie tun.
Ein Slogan ist für mich auf der Ebene SAGEN ein Nice-to-have, da Sie sich nicht im Bereich Fast-Moving-Consumer-Goods bewegen und Werbung schalten müssen.

Anwendung: Nehmen Sie die Zeile mit dem Nutzenversprechen Ihrer Magnetprodukt-Arena zur Hand (Toolbox HABEN S. 103.) Tauchen Sie in das Gefühl ein, das Ihre Wunschauftraggeber/inne/n haben. Wie würden Sie es beschreiben?
Nun bewahren Sie dieses Gefühl in sich und assoziieren Sie spontan. Die erste Antwort ist immer die Richtige (für Designer und Designerinnen habe ich noch eine Spezialfrage angehängt):

- Wenn es eine Farbe wäre, welche wäre es? (Es können auch mehrere Farben sein.)
- Wenn es eine Landschaft wäre, welche wäre es? (Landschaft ist in einem sehr weiten Sinn zu verstehen: Das kann eine Wiese mit einem Baum sein, es kann ein ganzer Landstrich sein, aber auch eine Stadt oder eine einzelne Szene.)
- Wenn es ein Tier wäre, welches wäre es?
- Wenn es ein Musikstück wäre, welches wäre es?
- Wenn es ein Essensgericht wäre, welches wäre es?
- Wenn es eine Typo wäre, welche wäre es? (Diese Frage stelle ich nur Designer/inne/n)

Betrachten Sie nun Ihre Antworten. Wo hatten Sie eine besonders starke Assoziation? Welche Bilder löst sie aus?
Diese Bilder bilden die Grundlage für Ihr neues Kundenversprechen. Formulieren Sie nun in einem kurzen Satz, wie Sie die Welt Ihrer Auftraggeberinnen und Auftraggeber besser machen nach der Art von »Think different« (Apple), »Waschmaschinen leben länger mit Calgon« (Calgon), »Immer eine gute Suppe« (Maggi), »Mit dem Zweiten sieht man besser« (ZDF).

Hürde: Selten gelingt der passende Slogan im ersten Wurf. Oft klingt er im eigenen Ohr beliebig. Das macht nichts, denn ein Slogan steht selten allein, sondern ergänzt bzw. bringt ein längeres Kundenversprechen auf den Punkt.

Und dann? Können Sie den Slogan auf Ihre Visitenkarte, Webseite, am Ende eines

E-Mailabspanns und andere Marketingartikel schreiben.

Mag-ich-Moment: Der Moment, wo Sie merken, dass Sie Ihren Slogan gefunden haben.

Beispiel: Mein Slogan lautet in einer Langversion: Mit der Espressostrategie konzentrieren Sie sich auf das Wesentliche und das Wirksame. Das spart Zeit und Geld.
In einer Kurzversion: Wesentlich und wirksam.

Customer Journey Map – Schritt für Schritt zum Beratungsauftrag

› Customer Journey: Die richtige Geschichte zur richtigen Zeit am richtigen Ort S. 126

Wozu: Die Customer Journey Map ist ein wertvolles Werkzeug, um die eigene Kommunikationsstrategie zu erarbeiten.
Sie zeigt auf, wie lange und wie vielschichtig Entscheidungsprozesse bei der Vergabe von Beratungsaufträgen sind.
Sie ermöglicht punktuell genau, positive Anreize zu setzen, um Interessent/inn/en zu Auftraggeber/inne/n zu machen.

Anwendung: Eine Customer Journey Map zu erstellen, sieht einfacher aus, als es ist, es erfordert Zeit und ein hohes Maß an Konzentration. Planen Sie sich etwa drei Stunden inklusive Pause ein. Der Teufel steckt wie so oft im Detail. Meine Empfehlung lautet daher:
Wählen Sie eine einzige Persona, die Sie auf die Reise zu Ihrem Magnetprodukt nehmen. Sie werden sich sehr viel leichter tun, das Denken und Fühlen und die daraus resultierenden Entscheidungsschritte eines einzelnen Menschen zu einem einzigen Angebot nachzuempfinden als das einer Gruppe von unterschiedlichen Entscheider/inne/n.
Nehmen Sie hierfür Ihr Wunschauftraggeberprofil (Toolbox SEIN S. 99) und Ihr Magnetprodukt (Toolbox HABEN S. 103).
Erstellen Sie eine erste Version der Customer Journey Map auf einem Flipchart. So behalten Sie alle Phasen und Komponenten im Blick. Arbeiten Sie mit großen Post-its, um flexibel zu bleiben.
Überlegen Sie, wie und wo Sie Ihre Kommunikation in den einzelnen Phasen gestalten. Welche positiven Reize könnten Sie jeweils setzen? Sammeln Sie Ideen.

Die folgende Customer Journey Map leitet Sie durch den Prozess. Die Fragen sind für jede Phase die gleichen. Ihre Antworten werden variieren. Nehmen Sie die beispielhaften Aussagen in der Tabelle als Inspiration. Ihre Wunschauftraggeber/inn/en können und dürfen ganz anders denken, reden, fühlen, handeln.

	Phase 1: Problem taucht auf	**Phase 2:** Nach Informationen suchen	**Phase 3:** Make-or-Buy-Entscheidung
Fragen zu den idealen Auftraggeberinnen und Auftraggebern			
Was denkt/macht/sagt sie/er in der Situation?	Was denkt/macht/sagt sie/er in dem Moment, in dem das Problem das erste oder zum wiederholten Mal auftritt?	Was fängt sie/er mit den in Phase 1 gesammelten Informationen an? Werden sie vertieft, ergänzt?	Versucht die Person, das Problem selbst zu lösen oder sucht sie/er nach einer/einem Berater/in, der/die bei der Lösung hilft?
Was fühlt sie/er in dem Moment?	Wie fühlt sie/er sich? Genervt, beunruhigt, überrascht?	Überfordert die Informationsflut oder hat die Person ein Gefühl der Erleichterung, weil sie/er erste Lösungsansätze erkennt?	Ist die Person in dieser Situation motiviert voranzugehen oder unsicher über die nächsten Schritte?
Was wünscht sie/er sich jetzt?	Was ist das konkrete Bedürfnis: Sicherheit? Eine konkrete Lösung? Der Wunsch, dass jemand das Problem abnimmt?	Licht am Ende des Tunnels? Dass das Problem von allein verschwindet? Eine/n kompetente/n Gesprächspartner/in? Mehr Information?	Wünscht sie/er sich einen schnellen Erfolg oder eine nachhaltige Lösung?
Wo informiert sie/er sich? Mit wem spricht sie/er?	Fragt sie/er eine Mitarbeiterin, einen Kollegen, die Partnerin oder spricht sie/er mit niemandem? Wird gegoogelt? Wenn ja, was?	Mit wem tauscht sie/er sich in dieser Phase aus?	Wen fragt sie/er um Unterstützung? Sind Sie hier schon auf dem Schirm?
Fragen mit Blick auf Ihr Unternehmen			
Was sind Ihre eigenen Kanäle an dieser Stelle?	Haben Sie Content auf Ihrer Webseite, der zu einer möglichen Google-suchanfrage passt?	Haben Sie Kontakt zu Menschen, mit denen ihr/e ideale/r Auftraggeber/in spricht?	Sind Sie als Expert/in auf dem Radar ihrer/ihres idealen Auftraggeber/in?
Welche positiven Reize könnten Sie dort setzen?	Blogartikel, Whitepaper, Fachartikel in Fachzeitschriften, Auftritt auf Konferenzen.	Netzwerk auf LinkedIn und Xing ausbauen, Netzwerkveranstaltungen besuchen.	Vorträge, Blogartikel, gutes Netzwerk, Webseite.
Was sind die To-dos für Ihre Roadmap?	Schreiben Sie für jede Phase einzeln auf, was Sie konkret verändern können, um Ihre id Sie noch nicht umgesetzt? Was davon können Sie sofort umsetzen? Was braucht etwas		

Phase 4: Erster persönlicher Kontakt	**Phase 5:** Angebot anfordern	**Phase 6:** Auftrag erteilen
Sie/er nimmt erstmals mit Ihnen Kontakt auf. Wie meldet sie/er sich?	Es wird konkret. Sie/er erzählt Ihnen zum Anliegen. Hat Fragen zu Kosten, Zeitraum der Beratung, zu erwartende Ergebnisse.	Die Eckpunkte sind klar. Wie sind Sie verblieben? Auftrag wird schriftlich innerhalb eines bestimmten Zeitraums angenommen.
Ist er/sie neugierig, motiviert? Je nach Dringlichkeit und Größe des Problem gar verzweifelt?	Hier kann ein Gefühl von Unsicherheit auftauchen, ob Sie die richtige Person für das Anliegen sind. Oder ein Gefühl von Sicherheit, weil Sie Zuversicht vermitteln.	Vermutlich zufrieden, eine Entscheidung getroffen zu haben. Im Idealfall zuversichtlich. Vielleicht ungeduldig, dass es bald losgeht.
Sie/er hat bereits etwas von Ihnen gehört und will vermutlich den ersten Eindruck bestätigen. Sucht Antworten auf Fragen.	Sie/er wünscht sich konkrete Antworten auf alle Fragen. Vertrauen. Sicherheit. Bestätigung, bei der/dem richtigen Berater/in angekommen zu sein.	Dass es los geht. Noch einmal Bestätigung, die richtige Entscheidung getroffen zu haben.
Spricht mit Ihnen. Eventuell mit Empfehlungsgeber/in.	Spricht mit Ihnen. Eventuell auch Rücksprache mit Geschäftspartner/innen.	Spricht mit Ihnen. Eventuell informiert sie/er das Team über den Termin.
Wie ansprechend und aussagekräftig ist Ihre Webseite? Wie ist Ihr persönliches Auftreten?	Wie sprechen Sie miteinander? Persönlich vor Ort, per Videokonferenz, Telefon?	Die Auftragserteilung erfolgt meist per Email.
Ansprechende Startseite, Magnetprodukt auf Webseite, Case Studies, Referenzen, leicht zu findende Kontaktdaten, gute Erreichbarkeit, schnell reagieren, gut zuhören.	Klare Aussagen zum Angebot. Zeitraum, Investition, Form der Zusammenarbeit, zu erwartende Ergebnisse. Verkaufsgespräche sind Erwartungsmanagement.	Schnelle Bestätigung und Abwicklung der Formalitäten ist wichtig. Aussagekräftige, fehlerfreie Unterlagen. Fragebogen versenden, der den Auftakt der Zusammenarbeit markiert.

raggeber/inn/en besser zu erreichen. Welche von den oben beschriebenen positiven Reizen haben uf? Nehmen Sie diese To-dos in Ihre Roadmap auf.

Hürden: Nicht immer sind die einzelnen Phasen linear zu trennen. Erlauben Sie sich Überschneidungen.
Bei den vielen Kästchen besteht leicht Verzettelungsgefahr. Suchen Sie sich eine/n Sparringspartner/in. Idealerweise eine Kollegin oder einen Kollegen, die/der auf einem ähnlichen Weg ist wie Sie.
Keine Panik, wenn Sie an einigen Stellen unsicher sind, was wo hineingeschrieben wird. Eine Customer Journey Map gelingt selten perfekt im ersten Wurf. Auch hier heißt es: Prototyp erstellen, testen, lernen, anpassen.

Und dann? Suchen Sie in Ihrem Umfeld ein reales Pendant zu Ihrer Wunschauftraggeberin bzw. Ihrem Wunschauftraggeber und gehen Sie mit dieser Person die Customer Journey Map durch. Nach meiner Erfahrung reichen zwei reale Interviews, um Ihnen die zentralen Erkenntnisse zu Ihrer Kommunikation aufzuzeigen. Ideale Gesprächspartner/innen für die Customer Journey Map sind die Menschen, mit denen Sie schon den Reality Check für Ihr Magnetprodukt durchgeführt haben. Ordnen Sie die gesammelten positiven Reize in einen Kommunikationsplan[21] (siehe Toolbox TUN S. 161), damit Sie sich nicht überfordern.
Eine Customer Journey Map zu erstellen, ist Hochleistungssport für Ihr Gehirn. Sorgen Sie für reichlich Mag-ich-Momente.

Mag-ich-Moment: Begeben Sie sich an einen Ort, an dem Sie Ruhe haben. Gestalten Sie sich Ihr Flipchart schön.
Belohnen Sie sich am Ende. Sei es mit einem guten Espresso oder einem Stück Kuchen oder was auch immer Ihnen Freude macht.

TUN

DIE ROADMAP ZUR NÄCHSTEN VERSION IHRER SELBST

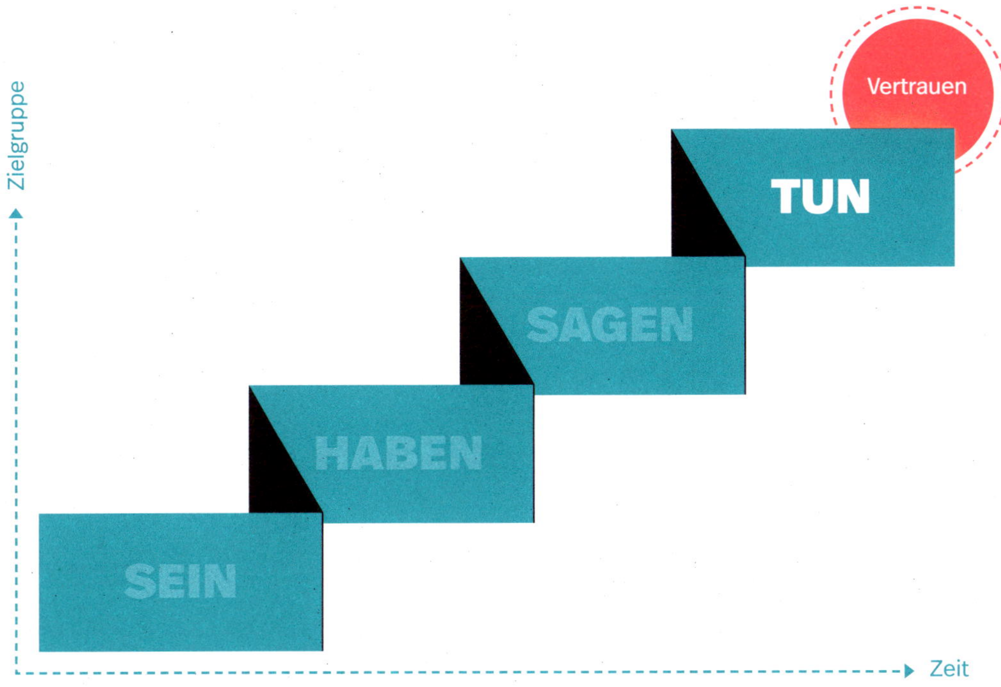

Worum geht's beim TUN?

Ich will Sie mit diesem Buch in die Lage versetzen, die Weichen für Ihre berufliche Zukunft als Gestalterin und Gestalter zu stellen. Ein bewusstes »Hin-zu-etwas«, das Sie erfüllt, und nicht ein halbherziges »Weg-von-etwas«, das Sie im Moment vielleicht nicht glücklich macht. Weil Wertschätzung fehlt.

Wie kann sich dieser Wandel von der Designerin zur gestaltenden Beraterin, vom Designer zum gestaltenden Berater vollziehen? Was ist jetzt zu tun?

Sie haben in den letzten Kapiteln jede Menge Input bekommen, wie Sie vorgehen können. Mit den Werkzeugen in den Toolboxen gelingt es Ihnen, Ihre Positionierung als gestaltende Beraterin bzw. gestaltender Berater zu erarbeiten. Sie formulieren ein neues Angebot und Kundenversprechen. Über die Customer Journey Map entwickeln Sie Ideen, wo Sie was wie an wen kommunizieren. Ihre To-do-Liste wird länger werden, als Ihnen möglicherweise lieb ist.

Vielleicht denken Sie jetzt: »Puh! Da ist viel zu tun.« Oder »Ich weiß gar nicht, wann ich das alles machen soll.« Das Gefühl der Überforderung wird durch die drei häufigsten Fehler in der strategischen Neupositionierung verstärkt:

- Sie formulieren nicht erfüllbare Ansprüche an sich selbst.
- Sie überschätzen sich bei den Zielen, die Sie in einem Geschäftsjahr erreichen können.
- Sie unterschätzen die Zeit, die Sie brauchen, um alle notwendigen Maßnahmen durchzuführen, und die diese brauchen, bis sie wirken.

Um diese zu vermeiden, habe ich für Sie auf der vierten und letzten Ebene der Espressostrategie, TUN, eine To-do-Liste mit folgenden drei Schwerpunkten zusammengestellt:

- **WIE:** Welche Haltung und Prinzipien erleichtern die Umpositionierung?
- **WAS:** Wie setzen Sie Ziele und Prioritäten, damit Ihr großes Vorhaben realistisch bleibt?
- **WANN:** Wie sehen gutes Zeitmanagement und Timing aus, die den Wandel möglich machen?

Und da die Tage nicht länger werden, nur weil Sie sich entschieden haben, Beraterin bzw. Berater zu werden, schließe ich mit einer Not-to-do-Liste. Kurz und bündig schlage ich vor, was Sie sich künftig sparen können.

WIE: Haltung und Prinzipien

»Wenn wir es schaffen, das Verhalten zu ändern, ändert sich auch das Denken«, meint Bas Verplanken, Professor für Sozialpsychologie an der University of Bath in England. Bevor Sie sich nun in die Arbeit an Ihrem neuen Selbstverständnis als gestaltende Beraterin oder gestaltender Berater stürzen, will ich Ihnen ein paar Denkanstöße für Ihr Handeln geben. Es kommt nicht nur darauf an, was man tut und wann man es tut, sondern auch darauf, wie man es tut.

»Eat your own dog food«

(»Iss' dein eigenes Hundefutter«) lautet ein englisches Sprichwort. Es besagt, dass wir das, was wir anderen empfehlen, auch selbst leben sollen. Was für »design driven« Unternehmen gilt, passt genauso gut auf Ihr Business als gestaltende Beraterin und als gestaltender Berater. Daher will ich Sie einladen, die guten Design-Prinzipien auch auf Ihre Neuausrichtung anzuwenden.

Kultivieren Sie Ihre Neugierde.

Seien Sie offen und lernbereit. Wie zu Beginn eines jeden neuen Auftrags stellen Sie viele Fragen. Sich selbst und anderen. Durch das kontinuierliche Feedback werden Sie schneller und besser wissen, was der Markt und die Menschen darin gerade brauchen.

Experimentieren Sie möglichst früh und oft.

Wenn Sie ein neues Logo entwickeln, scribbeln Sie erste Ideen ohne den Anspruch auf Perfektion auf einem Zettel. Gehen Sie auch bei der neuen Ausrichtung Ihres Business davon aus, dass Ihnen nicht auf Anhieb alles gelingt. Erlauben Sie sich, Fehler zu machen. Unsere Fehlversuche sind die größte Lernquelle.

Seien Sie nicht zu perfektionistisch.

Orientieren Sie sich vielmehr auf Fortschritt und Entwicklung. Nahe dran ist gut genug. Done is better than perfect.

Verbreiten Sie Ihre Ideen schnell.

Verinnerlichen Sie die Haltung des Prototypings. Je schneller Sie mit Ihrer Idee rausgehen, sie testen, Feedback einholen und die Idee anpassen, um damit wieder rausgehen zu können, desto besser. Qualität lebt von Wiederholung.

Arbeiten Sie nicht allein, kollaborieren Sie mit anderen.

Eine gute Marke entsteht im Dialog. Suchen Sie sich Sparringspartnerinnen und Sparringspartner in Ihrer Branche, mit denen Sie sich gemeinsam auf den Weg machen. Blicken Sie über den Tellerrand. Lassen Sie sich von anderen Beratern und Beraterinnen und auch anderen Branchen inspirieren. Suchen Sie die Nähe von Unternehmen, die Ihrem Wunschprofil nahekommen.

Auf einen Espresso: »Fragen lohnt sich«

Das Thema Agilität interessiert mich sehr. Ich halte sie für eine der wichtigsten Voraussetzungen, damit Unternehmen auf allen Ebenen kundenzentriert agieren können. Als ich studierte, war das noch kein Thema. Ich habe einige Bücher dazu gelesen und verfolge Fachblogs. Doch grau ist alle Theorie. Was mir aufgefallen ist: In den meisten Fällen gibt es eine Person im Unternehmen, die den Prozess vorantreibt. Sie hat eine Vision und holt damit Mitstreiterinnen und Mitstreiter an Bord. Alle Unternehmen gehen an diesem Punkt eigene Wege. Es gibt nicht DEN Weg, agil zu werden. Entsprechend meiner Devise »Ich will von den Besten lernen« habe ich angefangen, CEOs und Führungskräfte, die eine solche Erfolgsgeschichte mitgeschrieben haben, direkt anzusprechen und zu fragen, ob sie mir einen Einblick hinter die Kulissen geben, wie sie vorgegangen sind, woran sie gescheitert sind und was funktioniert hat. Bislang bin ich jedes Mal auf große Offenheit gestoßen. Fragen lohnt sich! Einmal durfte ich sogar dem Chef der Südostbayern Bahn einen ganz Tag lang über die Schulter schauen. Auf diese Weise habe ich einen tiefen Einblick in die Herausforderungen und in seine Erfolgsgeschichte bekommen, was sich so in keinem Lehrbuch wiederfindet.

WAS: Ziele und Prioritäten

Neue Vorhaben werden oft mit großem Enthusiasmus angegangen. Dann zeigt sich, dass man mehr Ideen hat als Zeit. Die Euphorie des Anfangs wird in den Mühlen des Alltags zermahlen. Der Kern der Espressostrategie liegt darin, sich von Anfang an auf das Wesentliche und Wirksame zu konzentrieren. Ersparen Sie sich eine Menge Frust, indem Sie die Lücke zwischen dem, was Sie erreichen möchten, und dem, was realistisch möglich ist, schließen.

Rufen Sie sich Ihr WARUM in Erinnerung.

Ihr WARUM ist das Ziel, auf das Sie hinarbeiten, und es ist die innere Messlatte für alle Entscheidungen. Schreiben Sie es sich auf. Drucken Sie es aus und heften Sie es sich gut sichtbar an Ihren Arbeitsplatz.

Unterteilen Sie den Weg zum großen Ziel in kleine Schritte.
Kleine Schritte werden Sie viel schneller machen können als große. Dadurch werden Sie früher mit Fortschritt belohnt und Sie laufen nicht Gefahr, sich selbst zu überfordern.

Definieren Sie konkrete Ziele, die Sie erreichen möchten.
Man kann sich schnell in einer To-do-Liste mit vielen Maßnahmen verlieren. Wenn Sie zuerst messbare Zielgrößen festlegen und sich dann überlegen, wie Sie diese erreichen wollen, behalten Sie den Fokus darauf, wie wirksam das ist, was Sie tun. Sie sind dadurch nicht einfach nur beschäftigt, sondern haben stets im Blick, inwieweit Sie Ihrem Ziel nähergekommen sind.

Fragen Sie sich, was der nächste, der erste, der einfachste Schritt für Sie sein könnte.
Denken Sie nicht vom Ende her. Eine agile Vorgehensweise hilft Ihnen, die Komplexität einer neuen Positionierung zu reduzieren und gleichzeitig flexibel zu bleiben, wenn sich neue Aspekte durch Feedback ergeben.

Denken Sie sich kleine Selbstbelohnungen aus, wenn Sie die vorgenommenen Etappensiege erreicht haben.
Das empfiehlt Hirnforscher Gerhard Roth[22]. Dabei sollten Sie die Abstände zwischen den Belohnungen vergrößern und sie in ihrer Art variieren – damit sie nicht zur Gewohnheit und damit nutzlos werden. In der Toolbox habe ich bei jedem Werkzeug sogenannte Mag-ich-Momente beschrieben, die Belohnungscharakter haben.

Etablieren Sie Routinen.
Routinen helfen, neue Aufgaben in den Alltag zu integrieren – vorausgesetzt sie stimmen mit unseren Zielen überein. Im Zusammenhang mit einer neuen Positionierung können Sie es sich zu einer guten Gewohnheit werden lassen, einmal pro Woche Ihre Zielerreichung zu überprüfen und Aufgaben für die kommende Arbeitswoche zu priorisieren. Reflektieren Sie wöchentlich neue Erkenntnisse, die Sie gewonnen, und Erfolge, die Sie gemeistert haben – seien sie noch so klein. Überprüfen Sie

monatlich den Fortschritt Ihrer Ergebnisse. Erstellen Sie einmal pro Jahr eine Roadmap, in der Sie Ihre wichtigsten Vorhaben für das Geschäftsjahr festhalten und die relevanten Maßnahmen definieren. Mit der »Roadmap« können Sie sich erarbeiten, was für Sie wesentlich und wirksam ist. Ohne Verzettelungsgefahr.

> »Roadmap« siehe Toolbox TUN S. 161.

Auf einen Espresso: »Der Fokus will jeden Tag aufs Neue scharf gestellt werden«

Zehn Jahre Konzentration auf das Wesentliche und das Wirksame. Man könnte meinen, dass das ein Selbstläufer für mich geworden ist. Mitnichten! In der Rückschau ist mir eine Sache sehr klar geworden: Es genügt nicht, sich zu Beginn seiner Selbstständigkeit mit seinem Business auszurichten. Es genügt auch nicht, das einmal im Jahr zu tun. Wenn ich mich in meinem Business auf das Wesentliche konzentrieren will, muss ich diesen Fokus jeden Tag aufs Neue scharf stellen. Ich kann nur eine einzige Sache auf meine Prioritätenliste ganz nach oben setzen. Sie sollte so gewählt sein, dass sie das Business strategisch voranbringt und dass ich gerne jeden Tag konsequent daran arbeite.

Ich bin ein neugieriger Mensch. Ich lasse mich leicht ablenken. Stehen herausfordernde Projekte an, springt bei mir leicht der Autofokus an: Ich fange automatisch an, dem Dringlichen mehr Aufmerksamkeit zu schenken als dem Wichtigen. Der einfacheren Aufgabe mehr als der komplexeren. Der schneller Erfolg versprechenden mehr als der mit dem höheren Risiko zu scheitern.

Das ist schwierig, wenn ich große Vorhaben voranbringen möchte. Mein Buchprojekt ist so ein Beispiel: Ich habe im letzten Jahr so viele Wege gefunden, wie ich das Buch nicht schreibe – ich kam mir in meinem Scheitern beinahe wie Edison auf dem Weg zur Glühbirne vor. Ich hatte mir monatliche Schreibfenster gesetzt, bin zum Schreiben weggefahren, habe über 30 Tage ein #10minBlog geschrieben – nur eben kein Buch. Warum? Weil ich zu perfektionistisch war, weil ich Angst vor dem Versagen hatte, weil ich mir nicht genug Zeit genommen hatte, weil ich dachte, morgen ist auch noch ein Tag. Kurz: Weil ich es nicht ganz oben auf der Prioritätenliste hatte. Weil ich mich nicht jeden Tag daran erinnert habe, dass es mir wirklich wichtig ist und warum ich es wirklich schreiben will. Das habe ich geändert.

WANN: Zeitmanagement und Timing

Der Faktor Zeit spielt eine wichtige Rolle. Für die Arbeiten an Ihrer neuen Positionierung sollten Sie Termine in Ihrem Kalender einplanen. Kommunikation und Netzwerken sind zeitaufwendig. Es dauert, bis Maßnahmen wirken. Das richtige Timing von Marketingmaßnahmen. Gar nicht so einfach.

Setzen Sie sich Zeitfenster.

Kennen Sie das Parkinsonsche Gesetz? Cyril Northcote Parkinson formulierte es in den 50er-Jahren: »Arbeit dehnt sich in genau dem Maß aus, wie Zeit für ihre Erledigung zur Verfügung steht.« Nehmen Sie sich vor, innerhalb einer Woche einen Blogartikel zu schreiben, werden Sie eine Woche beschäftigt sein. Planen Sie dafür drei Stunden ein, werden Sie drei Stunden brauchen. Nutzen Sie das sogenannte »Timeboxing« für jede Art von Aufgabe im Rahmen Ihrer Neupositionierung. Je kleiner die Zeitfenster, desto schneller werden Sie fertig.

Planen Sie Zeit ein, in der Sie nichts tun.

Der amerikanische Neurowissenschaftler Marcus Raichle[21] hat herausgefunden, dass es im Gehirn ein sogenanntes »default mode network« gibt, ein Ruhezustand-Netzwerk, das verschiedene Gehirnregionen einbindet. Es ist gerade dann hochaktiv, wenn wir herumhängen, dösen, die Gedanken schweifen lassen. Es unterstützt die Selbsterkenntnis, das autobiografische Gedächtnis, soziale und emotionale Vorgänge und die Kreativität. Das ist für eine berufliche Neuorientierung elementar. Solange Sie nur To-do-Listen abarbeiten, ruht dieses Netzwerk. Aktivieren Sie es, indem Sie nichts tun.

Beobachten Sie, wann ein Thema reif ist.

Das richtige Timing ist im Marketing genauso wichtig wie in der Comedy. Ich meine damit nicht Uhrzeiten oder Wochentage für das Publizieren von Social-Media-Posts, Newslettern oder Blogbeiträgen. Ausschlaggebender als der Veröffentlichungszeitpunkt ist, ob das Thema gerade relevant ist und Interaktion auslöst. Das richtige Timing lebt von Ihrer Aufmerksamkeit in Gesprächen.

Wenn Sie in Ihren Beratungsgesprächen oder bei Fragen nach Vorträgen auf die immer wieder gleichen Punkte zu sprechen kommen, erkennen Sie: Die Zeit ist reif für dieses Thema. Manche Themen reifen schneller als andere.

Lassen Sie die Zeit für sich arbeiten.
Oft herrschen falsche Erwartungen vor, innerhalb welches Zeitraums Maßnahmen wirken. Neue Webseite online und keiner ruft an? Blogartikel geschrieben? Warum hat noch keiner reagiert? Newsletter eingerichtet und die Abonnentenzahlen schießen nicht in die Höhe? Ein neues Angebot entwickelt, das aber irgendwie nicht so recht durchstarten will? Menschen sind träge. Komplexe Entscheidungen müssen reifen. Newsletter werden angesichts überquellender Posteingänge nicht mehr unkritisch abonniert. Manche Fragestellung aus Blogartikeln muss im Kopf der Leserin und des Lesers öfter kreisen, bis sie eine Reaktion auslöst. Verfallen Sie in einer solchen Phase nicht in Aktionismus. Lassen Sie hier die Zeit für sich arbeiten. Viel hilft nicht immer viel.

Schreiben Sie eine Not-to-do-Liste.
Wenn Ihre Vorhaben mehr Zeit kosten, als Sie zur Verfügung haben, überlegen Sie, wo Sie Abstriche machen möchten. Vielleicht gibt es etwas, das Sie im kommenden Jahr auf gar keinen Fall mehr machen möchten. Auch das eröffnet Ihnen neue Zeitfenster.

Die Not-to-do-Liste

Selbstwertschätzung heißt, konsequent die Dinge zu tun, die Sie dabei unterstützen, der Mensch zu sein, der Sie sein könnten und die Arbeit zu machen, die Sie lieben. Schonungslose Ehrlichkeit braucht es nicht nur bei allen Aspekten, zu denen Sie »Ja« sagen, sondern auch in der Entscheidung, wozu Sie »Nein« sagen. Alte Gewohnheiten abzulegen, ist leider schwieriger, als neue zu etablieren. Es lohnt sich schwarz auf weiß auf einer Not-to-do-Liste aufzuschreiben, was Sie in Zukunft nicht mehr tun oder leisten möchten. Halten Sie diese stets parat, um nicht in Versuchung zu geraten.

Was Sie als gestaltende Beraterin bzw. gestaltender Berater sofort aufhören können zu tun bzw. am besten gar nicht anfangen:

- Führen Sie keine Akquisegespräche mehr mit Menschen, die ohne Entscheidungskompetenz auf strategischer Ebene sind.
- Nehmen Sie keine Aufträge mehr an, bei denen Sie von vorne herein wissen, dass Sie möglichst schnell und möglichst billig Ergebnisse liefern sollen, über deren Ge- oder Missfallen am Ende diskutiert wird.
- Beraten Sie nicht mehr ohne Mandat und ohne eine Rechnung dafür zu schreiben.
- Schaffen Sie das Briefinggespräch ab und ersetzen Sie es durch eine fundierte Analyse als Teil des Beratungsmandats.
- Hören Sie auf, statt eines kreativen Prozesses Ergebnisse zu verkaufen. Ersetzen Sie die schönen Bilder auf Ihrer Portfolioseite durch Case Studies.
- Versuchen Sie nicht, in Sprache und Auftreten einem Beraterklischee zu entsprechen. Seien Sie Sie selbst!
- Kopieren Sie nicht andere – und seien sie noch so erfolgreich. Das würde am Ende nur dazu führen, dass Sie innerlich einen ständigen Kampf mit sich ausfechten, weil Sie versuchen, jemand zu sein, die oder der Sie nicht sind. Das wird falsche Erwartungen wecken und produziert unnötig Stress.
- Geben Sie sich nicht als jemand aus, der Sie nicht sein wollen. Richten Sie Ihr Angebot an dem aus, was Sie gut können und gerne machen und Unternehmen wirklich nützt. Dann werden Sie zur Hochform auflaufen.
- Hüten Sie sich vor dem inneren Anspruch, ständig Erwartungen übertreffen zu müssen. Geben Sie »einfach« Ihr Bestes, Sie selbst zu sein. Ich weiß, das ist schwer genug.

Los geht's – Sie sind dran!

Die Unternehmenswelt hat einen neuen Gestaltungsauftrag zu vergeben, Wirtschaft in einer volatilen, unsicheren und komplexen Welt zukunftsfähig und erfolgreich auszurichten. Dieser Auftrag eröffnet neue Denk- und Handlungsspielräume für alle Beteiligten. Sie als Gestalterinnen und Gestalter haben die Macht und die Verantwortung, bei diesem Auftrag führend und beratend mitzuwirken. Möge dieses Buch den Auftakt zu einer intensiven Auseinandersetzung mit dem Potenzial von Designerinnen und Designern bilden. Denn dieses Potenzial ist bei Weitem noch nicht ausgeschöpft. Es zu heben, beginnt bei Ihnen selbst.

TOOLBOX
TUN

› ROADMAP

Roadmap – Der Weg ist das Ziel

> WAS: Ziele und Prioritäten S. 152

Wozu: Die beiden häufigsten Fehler, die viele Unternehmerinnen und Unternehmer im Marketing machen:
Sie überschätzen sich in Bezug auf die Ziele, die sie in einem Geschäftsjahr erreichen können.
Sie unterschätzen die Zeit, die Sie brauchen, um alle notwendigen Maßnahmen durchzuführen. Und die Marketingaktivitäten brauchen, bis sie wirken.
Genau hier setzt die Roadmap an. Eine Kollegin formulierte einmal: Emotion passt in kein Excelsheet. Deshalb habe ich einen Marketingplan in Form einer Landkarte entwickelt – inspiriert durch eine Wanderung, bei der ich innerhalb eines Acht-Stunden-Tages sieben Gipfel erklomm. Eine neue Positionierung sehe ich als ähnliche Herausforderung.
Ziel ist, Ihr Positionierungsvorhaben in machbare Meilensteine für die nächsten 18 Monate zu zerlegen.

Roadmap

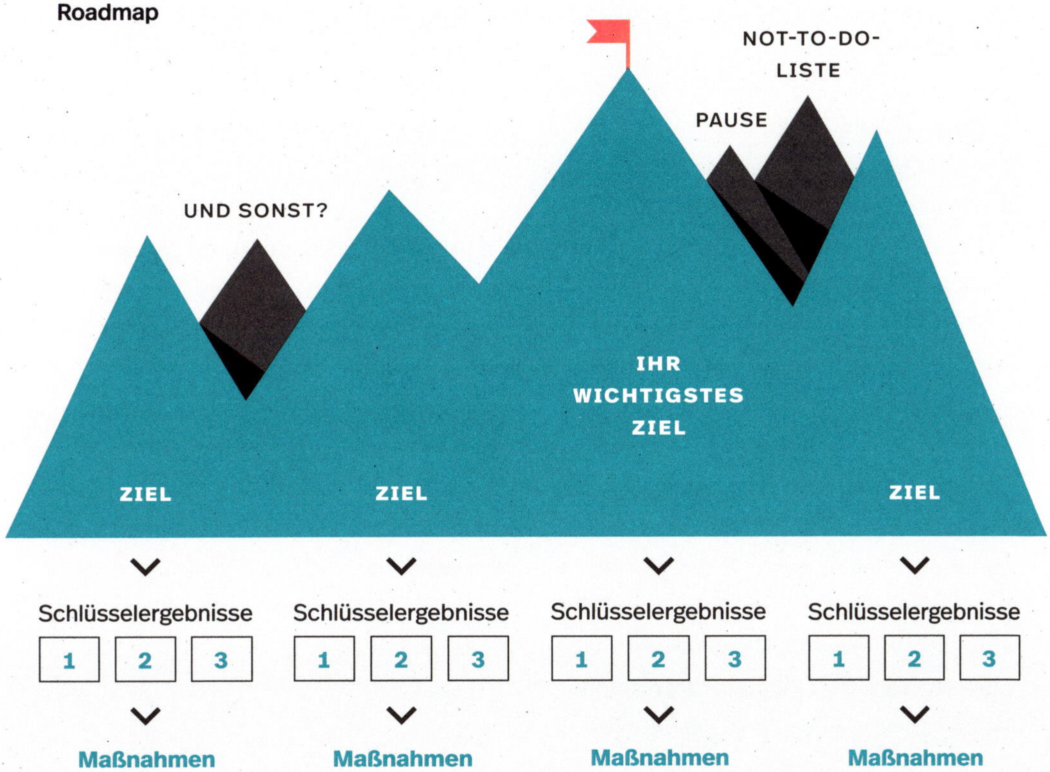

Die Vorteile:

- Reduziert Komplexität
- Schafft Kontinuität
- Gibt Klarheit
- Fördert Commitment
- Stärkt Entscheidungsfähigkeit
- Verschafft Überblick
- Sorgt für Transparenz

Die Vorgehensweise orientiert sich an der sogenannten OKR-Methode[23] (OKR = Objectives and Key Results, auf deutsch: Ziele und Schlüsselergebnisse), einer agilen Zieleplanungsmethode erdacht bei Intel, berühmt geworden durch Google. Sie ist nicht nur für große Unternehmen geeignet, sondern auch für Solopreneure und Solopreneurinnen.

Anwendung:

1. Etappen formulieren

- Was ist Ihnen wirklich wichtig? (Ihr WARUM)
- Was ist das wichtigste Ziel, das Must-have Ihrer Positionierung der nächsten 18 Monate?
- Welche Erfolge feiern Sie am Ende eines jeden Quartals?
- Wie belohnen Sie sich dafür?

Die Ziele sollten für Ihr Business bedeutsam, für Sie persönlich sinnstiftend und so ehrgeizig gewählt sein, dass Sie dafür Ihre Komfortzone verlassen müssen. Schreiben Sie diese auf Post-its oder Metaplankarten und sortieren Sie sie auf Ihrer Roadmap chronologisch an den sieben Gipfelspitzen ein. Das wichtigste Vorhaben stellen Sie in die Mitte. Setzen Sie pro Quartal nicht mehr als ein wichtiges Vorhaben an die Spitze Ihrer Prioritätenliste. Es sollten am Ende nicht mehr als vier sein.
Planen Sie Pausen ein in Form von Urlaub, Auszeittagen oder Zeit, in der Sie für ein paar Stunden nichts tun, um Ihr »default mode network« zu aktivieren.
Nach meiner Erfahrung hilft es auch, andere große Vorhaben über den Beruf hinaus aufzunehmen. Sollte ein Umzug anstehen oder sollten Sie ein zeitintensives Ehrenamt haben, wird das Einfluss auf die Geschwindigkeit, in der Sie sich neu positionieren können, haben. Vermerken Sie das an dem »Und sonst?«-Gipfel.
Wenn Sie im Laufe der Zeit feststellen, dass Sie Anpassungen vornehmen müssen, verschieben Sie die Vorhaben oder passen Sie die Ziele an. Aber machen Sie das explizit und klar.

2. Schlüsselergebnisse für die einzelnen Etappen definieren Definieren Sie drei bis vier konkrete sogenannte Key Results für die gesetzten Ziele. Diese sollten messbar, zahlenmäßig begrenzt und zeitlich gebunden sein. Ihr Etappenziel gilt als erreicht, wenn die vorab definierten Ergebnisse stehen. Damit überlisten Sie Ihre eventuell vorhandene perfektionistische Veranlagung, sich bis zum Sankt-Nimmerleins-Tag an den Zielen abzuarbeiten.

3. Maßnahmen definieren Nun legen Sie die Maßnahmen fest, die Sie ergreifen wollen, um die jeweiligen Schlüsselergebnisse zu erreichen. Sie sollten so gewählt sein, dass sie sehr wahrscheinlich dazu beitragen, das definierte Ergebnis zu erreichen.
Wie viel Zeit planen Sie für diese Aktivitäten ein?
Reflektieren Sie, ob diese in der Zeit zu schaffen sind, die Ihnen als Arbeitszeit zur Verfügung steht.

Hürde: Am Anfang braucht es etwas Übung, Ziele, Schlüsselergebnisse und Maßnahmen so zu formulieren, dass sie in der vorhandenen Zeit und inhaltlich gut aufeinander abgestimmt sind. Erlauben Sie sich auch hier, Fehler zu machen und zu lernen.

Und dann? Nehmen Sie sich Ihre Roadmap wöchentlich vor oder legen Sie sie immer sichtbar bereit. Überprüfen Sie, inwieweit Ihre To-do-Liste mit den definierten Aktivitäten übereinstimmt. Schauen Sie monatlich, ob Sie die Ergebnisse erreicht haben. Machen Sie am Ende jedes Quartals eine Retrospektive und passen Sie gegebenenfalls Ihre Ziele, Schlüsselergebnisse und Maßnahmen an.

Mag-ich-Moment: Es ist ein großartiges Gefühl, am Ende des Tages einen Haken auf der To-do-Liste zu setzen und zu wissen, dass jeder auch noch so kleine Schritt auf ein großes Ganzes einzahlt.

Feiern Sie auch die kleinen Erfolge!
Das Schöne an der Roadmap ist: Sie ist nicht in Stein gemeißelt. Sie können Sie jederzeit anpassen, wenn sich Rahmenbedingungen verändern. Auf diese Weise können Sie gar nicht mehr am Ziel vorbeischießen.

Ein Beispiel, wie das aussehen kann

Designerin Heike Schuster hat die Mission, zur gestaltenden Beraterin mit offiziellem Mandat zu werden. Warum? Weil sie mit ihren Gestaltungskompetenzen dazu beitragen will, dass Unternehmen zukunftsfähig sind. Heike formuliert wie folgt:

Ziel 1: Ich habe mein individuelles Wunschauftraggeber-Profil definiert.

Schlüsselergebnis 1: Ich habe mindestens sieben Kriterien definiert, an denen ich festmache, wann ein/e Auftraggeber/in ein/e Wunschauftraggeber/in ist.
Schlüsselergebnis 2: Ich habe innerhalb eines halben Tages drei Profile geschrieben.
Schlüsselergebnis 3: Ich habe innerhalb von zwei Wochen die Profile durch Befragung einer Entscheiderin bzw. eines Entscheiders verifiziert.

Maßnahmen: Analyse des Auftragsbuchs der vergangenen drei Jahre. Reflexion der wichtigsten Kriterien für eine gute Zusammenarbeit. Drei Profile anhand des Profilers schreiben. Profile vergleichen und verdichten. Innerhalb des Netzwerks eine/n repräsentative/n Vertreter/in der Wunschzielgruppe identifizieren und Interviewtermin (ca. 90 Minuten) vereinbaren. Ergebnisse aus dem Gespräch mit dem eigenen Profil abgleichen und gegebenenfalls anpassen.

Ziel 2: Ich habe den Prototyp meines Magnetprodukts für gestaltende Beratung entwickelt.

Schlüsselergebnis 1: Ich habe die drei Kernprobleme und daraus resultierenden Kernbedürfnisse meine/n ideale/n Auftraggeber/in identifiziert und formuliert.
Schlüsselergebnis 2: Innerhalb von zwei Wochen habe ich Feedback von mindestens sieben Menschen eingeholt, davon vier Kund/inn/en und drei Netzwerkpartner/innen, mit denen ich gut und gerne zusammenarbeite, und daraus meine Kernkompetenzen und Kernnutzen für die Magnetprodukt-Arena abgeleitet.
Schlüsselergebnis 3: Ich habe mindestens drei Ideen für mögliche Prototypen gesammelt.
Schlüsselergebnis 4: Ich habe die Magnetprodukt-Arena zu meinem Prototyp einer/einem potenziellen Wunschauftraggeber/in vorgestellt und mir Feedback geben lassen.

Maßnahmen: Aus Wunschauftraggeberprofilen Kernprobleme und Kernbedürfnisse ableiten. Fragebogen mit Feedbackfragen an Netzwerk schicken. Antworten sammeln und verdichten. Magnetprodukt-Arena anlegen und befüllen. Brainstorming machen. Innerhalb des Netzwerks eine/n repräsentative/n Vertreter/in der Wunschzielgruppe identifizieren. Interviewtermin (ca. 90 Minuten) vereinbaren. Magnetprodukt-Arena vorstellen. Ergebnisse aus dem Gespräch abgleichen und Prototyp gegebenenfalls anpassen.

ANHANG

› FUSSNOTEN

› ZUR VERTIEFENDEN WEITERBILDUNG

› WIE DIESES BUCH ENTSTAND

› ÜBER DIE AUTORIN

Fußnoten

1 https://www.dmi.org/page/DesignValue
2 https://www-03.ibm.com/press/us/en/pressrelease/43523.wss
3 https://www.mckinsey.com/~/media/mckinsey/business%20functions/mckinsey%20design/our%20insights/the%20business%20value%20of%20design/the-business-value-of-design-vf.ashx
4 https://startwithwhy.com/product/start-with-why/
5 http://www.haeusel.com/brain-view/
6 Eine Empfehlung von Trainerin Ursula Maile: https://www.mailensteine.de
7 http://matsstaub.com/de/arbeiten/zehn-wichtigste-ereignisse-meines-lebens
8 https://de.wikipedia.org/wiki/5-Why-Methode
9 https://annika-lewin.de
10 https://issuu.com/dansk_design_center/docs/design_ladder_2016_eng
11 https://econsultancy.com/10-inspiring-examples-of-design-led-brands/
12 https://airbnb.design/designing-airbnb-for-everyone/
13 Page Ausgabe 5/19, S. 25 Titel „Der Wert von Design“
14 https://techcrunch.com/2011/08/14/lean-startup-eric-ries-tctv/?guccounter=1
15 https://www.designtagebuch.de/wp-content/uploads/studie/Studie-Designer_und_ihre_Arbeit.pdf
16 https://www.iwd.de/artikel/krankenstand-in-deutschland-arbeitnehmer-fallen-laenger-aus-377618/
17 https://www.research-in-germany.org/de/aufenthalt-planen/finanzen/lebens-haltungskosten.html
18 https://blog.wiwo.de/management/2017/01/23/strategieberater-sind-am-teuersten-was-unternehmensberater-fuer-welche-expertise-kassieren/
19 https://www.bdu.de/newsletter/ausgabe-32016/consultants-erwarten-steigende-tagessaetze-im-kommenden-jahr/
20 https://robertbree.de/de/was-soll-ich-schreiben/
21 https://www.stern.de/gesundheit/zeit-zum-entspannen--von-der-kunst-des-nichtstuns-6560518.html
22 https://www.zeit.de/zeit-wissen/2013/02/Psychologie-Gewohnheiten/seite-4
23 https://t3n.de/news/okr-google-wunderwaffe-valley-ziele-530092/

Zur vertiefenden Weiterbildung

Bücher

Im Buch START WITH WHY von Simon Sinek bekommen Sie einen tieferen Einblick, warum es so wichtig für Unternehmen und Führungskräfte ist, sich mit dem WARUM zu beschäftigen. Im Workbook FIND YOUR WHY bekommen Sie eine detaillierte Anleitung, wie Sie einen WHY-Workshop aufbauen und durchführen können.

Neurowissenschaftler Hans-Georg Häusel erläutert in seinem Buch BRAINVIEW – WARUM KUNDEN KAUFEN sehr anschaulich, wie das menschliche Gehirn funktioniert und wie Kaufentscheidungen ablaufen.

Das Buch THIS IS SERVICE DESIGN DOING ist ein sehr umfassendes Werk, wie man Services designed, mit vielen konkreten Tipps zum Thema Workshop-Facilitation. Sehr praxisnah. Es ist in einem kollaborativen Prozess mit 96 Menschen aus der Service-Design-Community entstanden.

Das Buch BRANDED INTERACTION enthält zahlreiche Methoden und Werkzeuge, die sich zum Gestalten digitaler Markenerlebnisse eignen.

Wenn es um die Haltung und den souveränen Umgang mit dynamischen, emotionalen, komplexen (»VUKA«)-Menschen geht, empfehle ich das Buch EINFACH MAL NICHTS TUN von Marvin Weisbord und Sandra Janoff. Die zehn Leitsätze dieses Handbuchs nützen Begleiterinnen und Begleitern von Gruppen insbesondere in der Arbeit mit systemischen Verfahren wie Future Search und Open Space. Sie unterstützen Ansätze zur Selbstorganisation. Ist also genau richtig für gestaltende Beraterinnen und Berater.

Im Buch OPEN SPACE TECHNOLOGY liefert Harris Owen einen Praxisleitfaden zur Open-Space-Methode. Damit organisiert man

Workshops, die den informellen Charakter einer Kaffeepause haben und gleichzeitig durch Kollaboration der Teilnehmerinnen und Teilnehmer gute Ergebnisse erzielen. 2012 auf Deutsch im Schäffer-Poeschel Verlag erschienen.

Cindy Maxey und Kevin O'Connor bieten mit ihrem Buch FEARLESS FACILITATION eine Vielzahl von Methoden und Ansätzen, wie Sie in Workshops eine gute Arbeitsatmosphäre kreieren, die Kreativität der Teilnehmerinnen und Teilnehmer fördern und sie zum Mitmachen ermuntern.

DYNAMIC FACILITATION ist eine erfolgreiche Moderationsmethode für schwierige und verfahrene Situationen. Das gleichnamige Buch von Matthias zur Bonsen ist bei Beltz Weiterbildung erschienen.

Webseiten

Populär und ein guter Einstieg sind aktuell die LIBERATING STRUCTURES, die nützlich, effektiv und recht einfach partizipative Meetings unterstützen. Frei im Internet erhältlich unter liberatingstructures.com.

Für die digitale Workshop-Planung sollten Sie sich sessionlab.com anschauen. Per Drag & Drop können Sie Ihre Workshop-Agenda zusammenstellen.

Weiterbildung

Wer sich zum Facilitator ausbilden lassen möchte, kann dies bei den Kommunikationslotsen unter kommunikationslotsen.de tun.

Auch Brainbirds bietet sehr viele gute Seminare und Workshops für alle, die sich für die gestaltende Beratung in der digitalen Transformation weiterbilden möchten (brainbirds.de).

Konferenzen

Eine Auswahl an Konferenzen, bei denen es um strategische Fragen der Digitalisierung, User Experience und New-Work-Themen geht:

› Growth Hacking Summit
› DMEXCO
› Online Marketing Rockstars
› YEAR OF THE X
› New Work Experience
› Service Design Global Conference (SDN)

Honorarkalkulation

Für die Preisfindung hilft auch der Stundensatzkalkulator des BDG (bdg-kalkulator.de) und das ergänzende BASE Modell (zu finden unter bdg.de).

Arbeitsmaterialien

Auf meiner Webseite www.marenmartschenko.de/design-ist-mehr finden Sie im Download-Bereich Worksheets für die meisten Tools. Sie können sie kostenlos herunterladen und für Ihre Zwecke anpassen, um sie für Ihre Neupositionierung oder in Workshops zu nutzen.

Wie dieses Buch entstand

Die Wirtschaft hat einen neuen Gestaltungsauftrag zu vergeben. Designerinnen und Designer können das. Das Einzige, was fehlte: Methoden und Werkzeuge, wie sie sich als Beraterinnen und Berater erfolgreich positionieren.

Durch meine langjährige Arbeit mit Designerinnen und Designern wurde mir klar, dass meine Espressostrategie diese Lücke schließen kann. Die Buchidee war geboren.

Ziel war, Wissen, Methoden und meine persönlichen Erfahrungen aus zehn Jahren Beratungstätigkeit und Workshops mit Ihnen zu teilen. Damit Sie den entscheidenden Schritt in Richtung gestaltende Beraterin bzw. gestaltender Berater machen können.

Im Schreibprozess habe ich erstmals festgestellt, dass ich zwar eine klare Vorstellung davon habe, wie gestaltende Beratung aussehen sollte, aber nicht weiß, wie sich dieses Neuland, in das ich Sie locken will, für Designerinnen und Designer anfühlt. Deshalb habe ich Intensiv-Interviews mit Kommunikationsdesignerinnen und Kommunikationsdesignern geführt. Sie arbeiten als One-Man- bzw. One-Woman-Show, in Teams oder sind angestellt in Unternehmen. Sie haben mich teilhaben lassen an den Schmerzpunkten, die sie in ihrer täglichen Arbeit erleben, und mir dargelegt, warum es gar nicht so einfach ist, einen geliebten Beruf einfach hinter sich zu lassen, um sich neu zu erfinden. Was ich gelernt habe: Jede Designerin und jeder Designer wählt ihren bzw. seinen eigenen Weg zur gestaltenden Beratung. Auf dieser Erfahrung basiert dieses Buch.

Der Schreibprozess selbst war ein typischer Kreativprozess, in dem ich viel recherchiert und gelesen, viel geschrieben und noch mehr verworfen habe. Ich habe mich immer wieder in meine Interviewpartnerinnen und Interviewpartner hineinversetzt, das Manuskript neu angesetzt, getestet und verfeinert, bis meine Verlegerin und ich dachten: So kommen Sie gut auf den Weg. Vier Jahre vergingen von der ersten Idee bis zur Veröffentlichung des Buches. Auf einen schwungvollen Beginn folgte eine zähe Phase des Bangens, ob ich jemals die Kurve kriegen würde. Ich erzähle Ihnen das, weil die Chance groß ist, dass Ihr Weg in die gestaltende Beratung so oder ähnlich verlaufen wird. Lassen Sie sich nicht entmutigen. Es ist Teil des Prozesses.

Der einzige Verlag, bei dem ich mir vorstellen konnte, das Mammutprojekt Buch anzugehen, ist dieser Verlag, der Designer und Designerinnen genauso liebt wie ich. Die Zusammenarbeit war geprägt durch tiefes Vertrauen, viel Geduld und das eine oder andere Coaching. Dafür bin ich sehr dankbar. Ich wünsche Ihnen genauso jemanden an Ihrer Seite, wenn Sie sich auf den Weg zu Ihrer neuen Positionierung machen.

Ein besonderer Dank geht an Suzan Cigirac, die unermüdlich auf die Schwächen des Manuskripts hingewiesen hat. Sie hat mir verdeutlicht, wie Designerinnen und Designer Bücher lesen und wie sie auf einem solchen Weg geführt werden wollen. Dank ihrer konstruktiven Kritik habe ich im Wald wieder die Bäume gesehen.

Sehr wertvoll war auch das Feedback von Testleserin Miriam Horn-Klimmek, Designerin und Beraterin. Zum einen, weil ich dank ihr gesehen habe, dass das Konzept funktioniert. Zum anderen hat der Austausch mit ihr deutlich gemacht, warum es so wichtig ist, das Buch in gendergerechter Sprache zu schreiben. Sprache verändert das Denken. Denken das Handeln. Frauen sollen sich nicht nur mitgemeint fühlen, sondern sich genau wie Männer direkt angesprochen fühlen.

Wir, ich und der Verlag, haben intensiv darüber diskutiert, wie Gleichstellung gelingen kann, ohne dass die Lesbarkeit leidet. Es bleibt an manchen Stellen holprig, weil unsere Sprache hier noch Gestaltungsbedarf hat . Ich traue Ihnen, liebe Leserinnen, liebe Leser, zu, dass Sie darüber hinweg lesen und sich nicht davon abhalten lassen, Ihren eigenen Weg in die gestaltende Beratung zu gehen.

Ich danke meiner Twittercommunity, die mir beim Finden gendergerechter Worte half, wo kein Leitfaden mir Antworten geben konnte.

Ohne Designerin Claudia Siebenweiber könnten Sie dieses schöne Buch nicht in den Händen halten. Zum einen hat Sie mich wiederholt ermutigt, das Buchprojekt anzugehen. Zum anderen hat sie es in eine Form gegossen, dass es haptisch und optisch ein echter Lesegenuss ist. Für mich die Krönung unserer Zusammenarbeit.

Dankbar bin auch dem besten Mann der Welt, der immer befürchtet hat, wie viele andere Lebensgefährten in der Danksagung vorzukommen. Er stellte sich vor, dass diese Menschen einiges in dem Buchschreibeprozess der besseren Hälfte durchgemacht haben. Zu Recht hat er das befürchtet! Danke, dass du in den tiefen Tälern der Tränen und auch auf den Gipfeln der Freude an meiner Seite warst, lieber Uli!
Ich danke meinen Kindern, die mich mit klugen Sätzen und Fragen in zähen und frustrierenden Momenten auf Kurs gebracht haben:

> »Was stärkt deine ›Determination‹ beim Schreiben?«
> »Du musst dir die Frage ›Warum tue ich mir das an?‹ auch wirklich beantworten.«
> »Denk' daran, dass du dir damit einen großen Traum erfüllst.«

Für mich sind sie bereits gestaltende Beraterinnen und Berater. Was ein Glück!

Ich danke einem ganz besonderen Ort: Dem Gästehaus des Kloster Benediktbeuern. An keinem Ort konnte ich besser schreiben als dort. Die Stille half mir, mich in meine Zielgruppe hineinvertiefen. Die Spaziergänge im Moor bremsten mein Gedankenkarussel. Der Blick auf die Berge gab mir Kraft.

Autorin, Markenberaterin, Chief-Enthusisam-Officer

Maren Martschenko arbeitet als freiberufliche Markenberaterin für Solopreneure, Startups und den kleineren Mittelstand. Sie versteht sich als Chief-Enthusiasm-Officer für ihre Kund/inn/en, denn sie weiß, die beste Marke ist die gelebte Marke. Gemeinsam mit ihren Auftrageber/inne/n entwickelt sie Strategien zur Positionierung von Marken im digitalen Zeitalter. Mit ihrer Espressostrategie sparen die Unternehmen Zeit und Geld, weil sie sich auf das Wesentliche und das Wirksame konzentrieren.

Ihr Kommunikationshandwerk erlernte die studierte Diplomkauffrau und Organisationspsychologin in einer B2B-Agentur für PR und Marketing. Beim Digital Media Women e. V. setzt sie sich dafür ein, dass Frauen in der Arbeitswelt gleichberechtigt teilhaben und sichtbar Einfluss nehmen. Sie sieht im digitalen Wandel die größte Chance, diese Vision zu verwirklichen.

Freitags malt sie Kühe. Das ist ihr Passion Project.

WIR ÜBERNEHMEN VERANTWORTUNG.

Nicht nur für Inhalt und Gestaltung, sondern auch für die Herstellung. So ist das Buch auf 100 % wiederverwendetem Recyclingpapier klimaneutral gedruckt. Zur CO_2-Kompensation wurde durch ClimatePartner das Bergwaldprojekt e.V. in Deutschland unterstützt.
Darüber hinaus entspricht das Papier (wie das fast aller unserer Bücher) den Standards der Kategorie »FSC MIX«, denn auch die recycelten Papiere stammen aus sozial, wirtschaftlich und ökologisch nachhaltig bewirtschafteten Wäldern.

Die Druckerei ist FSC- und PEFC-zertifiziert. FSC (Forest Stewardship Council) und PEFC (Programme for the Endorsement of Forest Certification Schemes) sind Organisationen, die sich weltweit für eine umweltgerechte, sozial verträgliche und ökonomisch tragfähige Nutzung der Wälder einsetzen, Standards für nachhaltige Waldwirtschaft sichern und regelmäßig deren Einhaltung überprüfen. Durch die Zertifizierung ist sichergestellt, dass kein illegal geschlagenes Holz aus dem Regenwald verwendet wird, Wäldern nur so viel Holz entnommen wird, wie natürlich nachwächst, und hierbei klare ökologische und soziale Grundanforderungen eingehalten werden.

BÜCHER HABEN FESTE PREISE!

In Deutschland hat der Gesetzgeber zum Schutz der kulturellen Vielfalt und eines flächendeckenden Buchhandelsangebotes ein Gesetz zur Buchpreisbindung erlassen. Damit haben Sie die Garantie, dass Sie dieses und andere Bücher überall zum selben Preis bekommen: Bei Ihrer Buchhandlung vor Ort, im Internet, beim Verlag. Sie haben die Wahl. Und die Sicherheit. Und ein Buchhandelsangebot, um das uns viele Länder beneiden.

Impressum

TEXT: Maren Martschenko
GESTALTUNG: Claudia Siebenweiber
SATZ: Paula Timm, Jonas Hansal
LEKTORAT: Karin Schmidt-Friderichs
KORREKTORAT: Katja Kempin
FOTO: Raimund Verspohl
SCHRIFTEN: Tisa, Real
PAPIER: Inhalt: 135g/m² OIKOS Extra White FSC
Umschlag: 120g/m² Pop'Set Hot Brown FSC
DRUCK ÜBERZUG: Kreye Siebdruck, Koblenz
GESAMTHERSTELLUNG: Beltz, Bad Langensalza

STAY TUNED!
Alle zwei bis vier Wochen versenden wir Newsletter, in denen wir über aktuelle Neuerscheinungen, Veranstaltungen und Aktionen informieren.

Abonnieren auf www.verlag-hermann-schmidt.de

verlag hermann schmidt

Gonsenheimer Straße 56
55126 Mainz
Tel. 06131/50 60 0
Fax 06131/50 60 80
info@verlag-hermann-schmidt.de
facebook: Verlag Hermann Schmidt

ISBN 978-3-87439-937-1

Printed in Germany with Love.

Los geht's!